当代图形图像设计与表现丛书

U0240736

Maya 模型

制作与表现

沈正中 著

国家一级出版社
全国百佳图书出版单位

西南师范大学出版社
XINAN SHIFAN DAXUE CHUBANSHE

图书在版编目（CIP）数据

Maya模型制作与表现 / 沈正中著. — 重庆：西南
师范大学出版社，2015.4（2022.1重印）
　ISBN 978-7-5621-7339-7

　Ⅰ．①M… Ⅱ．①沈… Ⅲ．①三维动画软件 Ⅳ.
①TP391.41

　中国版本图书馆CIP数据核字(2015)第050337号

当代图形图像设计与表现丛书
主　编：丁鸣　沈正中

Maya模型制作与表现　沈正中 著
Maya MOXING ZHIZUO YU BIAOXIAN

责任编辑：王正端　鲁妍妍
整体设计：鲁妍妍

西南师范大学出版社（出版发行）
地　　址：重庆市北碚区天生路2号　　　　　　邮政编码：400715
本社网址：http://www.xdcbs.com　　　　　　电　话：(023)68860895
网上书店：https://xnsfdxcbs.tmall.com

排　　版：刘　锐
印　　刷：重庆康豪彩印有限公司
幅面尺寸：185mm×260mm
印　　张：6
字　　数：150千字
版　　次：2015年6月 第1版
印　　次：2022年1月 第2次印刷
书　　号：ISBN 978-7-5621-7339-7
定　　价：48.00元

本书如有印装质量问题，请与我社市场部联系更换。
市场营销部电话: (023)68868624　68253705

西南师范大学出版社美术分社欢迎赐稿。
美术分社电话: (023)68254657　68254107

序 《

PREFACE

中国道家有句古话叫"授人以鱼，不如授之以渔"，说的是传授人以知识，不如传授给人学习的方法。道理其实很简单，鱼是目的，钓鱼是手段，一条鱼虽然能解一时之饥，但不能解长久之饥，想要永远都有鱼吃，就要学会钓鱼的方法。学习也是相同的道理，我们长期从事设计教育工作，拥有丰富的实践和教学经验，深深地明白想要学生做出优秀的设计作品，未来能有所成就，就必须改变过去传统的填鸭式教育。摆正位置，由授鱼者的角色转变为授渔者，激发学生学习的兴趣，教会学生设计的手段，使学生在以后的设计工作中能够自主学习，举一反三，灵活地运用设计软件，熟练掌握各项技能，这正是本套丛书编写的初衷。

随着信息时代的到来与互联网技术的快速发展，计算机软件的运用开始遍及社会生活的各个领域。尤其是在如今激烈的社会竞争中，大浪淘沙，不进则退。俗话说："一技傍身便可走天下"，但无论是在校学生，还是在职工作者，又或是设计爱好者，想要熟练掌握一个设计软件，都不是一蹴而就的，它是一个需要慢慢积累和实践的过程。所以，本丛书的意义就在于：为读者开启一盏明灯，指出一条通往终点的捷径。

本丛书有如下特色：

（一）本丛书立足于教育实践经验，融入国内外先进的设计教学理念，通过对以往学生问题的反思总结，侧重于实例实训，主要针对普通高校和高职等层次的学生。本丛书可作为大中专院校及各类培训班相关专业的教材，适合教师、学生作为实训教材使用。

（二）本丛书对于设计软件的基础工具不做过分的概念性阐述，而是将讲解的重心放在具体案例的分析和设计流程的解析上。深入浅出地将设计理念和设计技巧在具体的案例设计制图中传达给读者。

（三）本丛书图文并茂，编排合理，展示当今不同文化背景下的优秀实例作品，使读者在学习过程中与经典作品之美产生共鸣，接受艺术的熏陶。

（四）本丛书语言简洁生动，讲解过程细致，读者可以更直观深刻地理解工具命令的原理与操作技巧。在学习的过程中，完美地将设计理论知识与设计技能结合，自发地将软件操作技巧融入实践环节中去。

（五）本丛书与实践联系紧密，穿插了实际工作中的设计流程、设计规范，以及行业经验解读。为读者日后工作奠定扎实的技能基础，形成良好的专业素养。

感谢读者们阅读本丛书，衷心地希望你们通过学习本丛书，可以完美地掌握软件的运用思维和技巧，助力你们的设计学习和工作，做出引发热烈反响和广泛赞誉的优秀作品。

前言
FOREWORD

　　模型之于三维动画的作用，犹如真人演员的外形之于实拍电影，是观众欣赏影片的重要审美途径。建模是三维软件知识的重要组成版块，在三维动画制作中发挥着不可替代的重要作用。

　　本书尽可能多地涵盖模型的基本类型，采用理论与实践相结合的方式，由简到难地讲述了Maya建模的过程、方法和要点。

　　第一章三维动画概述与界面介绍，使读者对三维动画和Maya界面有一个整体认识；第二章场景建模，通过对简单场景制作的讲解，使读者初步了解多边形几何体建模的基本方法；第三章道具建模，巩固和加强前二章所学的建模知识，并进一步完善建模手法；第四章卡通角色建模，此模型建模难度介于几何形体模型与生命体模型之间，起到承上启下的作用；第五章写实角色建模，通过对本章的学习，使学生逐渐掌握高精度写实生物的制作流程和方法。各章层层递进又各自独立，使不同层次的读者可以根据自身情况选择性阅读。

　　相对于市面上常见的Maya建模类教材，本书实例更加贴近学习者的实际情况，实例由浅及深、讲解步骤详尽，使学生可以按部就班地参照学习。读者通过对本书的学习，能够掌握Maya建模的主要方法。本书不仅适用于Maya入门的初学者，也可以作为有一定美术基础的三维动画专业学生的学习用书。

目录
CONTENTS

第一章
三维角色动画概述与 Maya 界面简介

本章导读

　　三维动画是美国乃至当今世界动画的新主流，三维动画角色有着既夸张可爱又真实可信的特点，散发着独特的审美情趣和表现魅力。Maya 是制作三维动画的重要软件之一。

精彩看点

- 美、日、韩三维动画角色特点
- Maya 操作常用重要快捷键

第一节　三维动画的发展现状

　　1995 年，美国皮克斯动画公司历时四年制作的《玩具总动员》（图 1-1）上映。该片的上映意义重大，它标志着三维动画技术的正式成熟，以及三维动画类型片在电影地位上的确立。三维动画立体多维度的特殊表现力得到充分发挥，从一景一物到角色的所有表情和动作全由计算机制作而成，给人耳目一新的感觉，受到了广大观众的欢迎和喜爱。由此开始，仅仅用了十余年的时间，三维动画就成为美国乃至世界动画新的主流形态。

　　三维动画经历了从 20 世纪 90 年代中到 90 年代末的发展期，以及 21 世纪初的迅猛发展期之后，迎来了现阶段全盛发展期。三维技术全方位地影响和改变着我们的生活：从简单

图 1-1 美国皮克斯动画公司《玩具总动员》

的几何体模型，如一般产品、艺术品展示，到复杂的人物模型；从静态、单个的模型展示，到动态、复杂的场景，如三维漫游、三维虚拟城市、医学模拟、军事模拟及角色动画。这一切，三维动画都能依靠强大的技术实力得以实现。

三维技术并不仅仅局限于单纯动画片的制作，在其他的剧情片中也得到了充分的运用，特别是电影电脑特技的使用使得电影得到了更多的技术支持，它成为现代电影技术重要的一部分。电影利用电脑特技补充画面，而动画也吸取电影各方面的技术，使得美国的动画与电影在技术上互相渗透，这成为其动画特色之一。其中最具代表性的电影《阿凡达》，全片从头至尾三维技术的运用几乎无处不在，有些表现力和效果对于作品的作用甚至是不可或缺的。片中的潘多拉星球和娜美星人完全由电脑模拟制作完成，美轮美奂的外星场景和奇异多彩的外星生命自然逼真、真实可信。真实与虚幻之间的无缝衔接让人无法分清哪部分是真实拍摄的、哪部分是由电脑制作而成的。动作捕捉和表情捕捉技术的发展和逐渐成熟也为影片虚拟角色的出色表演提供了有力的支持，片中娜美星人的动作和表情绝大部分都是捕捉而来的（图1-2）。

当今，被业界称为"次世代"的三维制作技术在网游表现中如鱼得水，赢得了众多受众的青睐。"次世代"技术在有限的运算资源下创造出了精美绝伦的三维画面效果与丝丝入扣的画面细节，现在逐渐成为网络游戏的开发主流，占领了大量的网络游戏市场。

图1-2 电影《阿凡达》动作捕捉和表情捕捉

第二节 三维角色的表现魅力

角色是一部动画片的核心所在，成功的动画片都拥有令观众印象深刻的动画角色。三维动画角色有着既夸张可爱又真实可信的特点，散发着独特的审美情趣和表现魅力。

一、美式三维动画角色

美国是当今的动画强国，三维动画无论是数量还是质量上都把持着世界第一把交椅。美式三维动画角色总体上特点鲜明，有着敦实可爱、憨态可掬的外形，同时又紧扣角色构建元素的结构，并且每个角色都具有独特可信的性格特征和行为方式，非常具有说服力，使人感觉这些虚拟角色仿佛是真实存在着的（图1-3）。

在为数众多的美式三维动画角色中，最为著名且最有代表性的当数皮克斯和梦工厂创造出的动画角色，例如《机器人总动员》中的瓦力（图1-4）。

图1-3 美国派拉蒙公司 电影《兰戈》

图1-4 美国皮克斯和梦工厂 电影《机器人总动员》

二、日韩三维动画角色

日韩三维动画发展也比较迅速，日本的三维动画在游戏领域的表现最为突出，并且从中产生了大量为人们所熟知的三维游戏角色，其角色都具有绚烂多彩、唯美靓丽的特征，符合当代年轻人的审美特性，例如《最终幻想》（图1-5）。

韩国除了在游戏领域有良好表现外，在三维动画短片上也已初具规模，其表现方式别具一格，通常都采用系列短剧的形式。诞生了《倒霉熊》《监狱兔》等经典剧集，其角色搞怪、木讷，富有冷幽默的特征，产生让人又爱又恨，微妙、奇特的趣味（图1-6、图1-7）。

图 1-6 韩国三维动画短片《倒霉熊》

第三节 Maya 界面简介

首先，我们需要对 Maya 的主要界面进行一个整体认识，以便于以后的操作（图1-8）。

一、Maya 建模的基本界面与常用工具

1. 标题栏

【标题栏】位于界面顶端，显示软件的版本及当前文件的名称、路径来源、格式等信息（图1-9）。

2. 菜单栏

【菜单栏】是按照程序功能分组排列的按钮集合。按照工作环境，把在工作中使用的所有工具和选项功能罗列出来（图1-10）。【菜单栏】由 5 个功能模块组成，前 6 项为公用菜单，它们

图 1-7 韩国三维动画短片《监狱兔》

图 1-5 日本三维游戏《最终幻想》

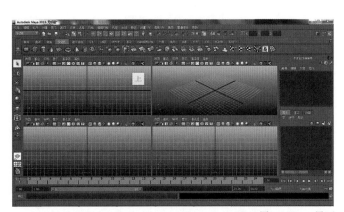

图 1-8 Maya 界面

Autodesk Maya 2013: E:\关爱老人\guanailaoren\scenes\model\bangding01.mb* --- wuzi|pPlane9

图 1-9 标题栏

文件 编辑 修改 创建 显示 窗口 资源 选择 网格 编辑网格 代理 法线 颜色 创建 UV 编辑 UV 肌肉 管道缓存 帮助

图 1-10 菜单栏

图 1-11 状态栏

常规 曲线 曲面 多边形 细分曲面 变形 动画 动力学 渲染 PaintEffects 卡通 肌肉 流体 毛发 头发 nCloth 自定义

图 1-12 工具架

不会因为模块的切换而发生变化，而后面的菜单项会根据模块的不同做相应的改变。

3. 状态栏

【状态栏】中还有一些常用命令的快捷按钮和工具（图 1-11）。这些按钮和工具被分组放置，通过点击【状态栏】中的箭头可以展开或折叠这些组。同时，还可以在【状态栏】中切换到其他的功能模块，【状态栏】最前面的下拉菜单就是用来切换不同模块的 。这几大模块分别是：动画模块、建模模块、动力学模块、渲染模块和布料模块。

4. 工具架

【工具架】中陈列着在工作中使用频率较高的工具，都显示为按钮形态，只需点击按钮，就可以使用了（图 1-12）。工具的显示是按其性质来分类的，点击上方的菜单，工具架会显示不同的工具按钮。

5. 工具箱

前十个按钮用于选择、移动、旋转和推拉视图，最近使用的工具也可以通过按钮功能显示出来。后面两个的按钮用来快速切换各个视图的显示方式（图 1-13）。

6. 通道盒

【通道盒】可在属性窗口和工具设置窗口或通道箱之间进行转换，可以并显示当前所操作对象的位置、角度、大小等属性以及层的建立和管理信息（图 1-14）。

7. 视图区

Maya 界面的主要工作区，默认状态下显

示为【正视图】（Front）、【顶视图】（Top）、【侧视图】（Side）与【透视图】（Persp）四个视图（图1-15）。

8. 时间滑块

【时间滑块】用于关键帧记录和编辑动画以及播放、预览动画（图 1-16）。

图 1-13 工具箱

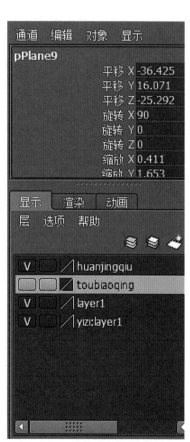

图 1-14 通道盒

二、常用快捷键

【鼠标左键 +Ctrl】，推近或拉远视图，靠近或远离所观察的物体。

【鼠标中键 +Ctrl】，移动视图，将视图中的物体平行于屏幕上下左右移动。

【鼠标右键 +Ctrl】，旋转视图，视角环绕目标物体旋转，改变观察角度。

【A】键，快速最大化显示当前视图中的所有物体。

【F】键，快速最大化显示当前视图中所选择到的物体。

【W】键，位移视图中的物体。

【E】键，旋转视图中的物体。

【R】键，缩放视图中的物体。

【空格】键，按下【空格】键，视图切换为全屏显示当前鼠标所在的窗口，再按一次【空格】键则还原显示。此外，按住【空格】键不放可以显示出 Maya 快捷箱（图 1-17）。

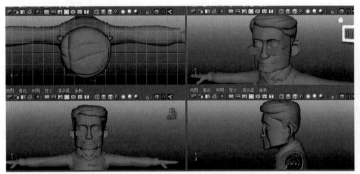

图 1-15 视图区

图 1-17 Maya 快捷箱

图 1-16 时间滑块

第四节 多边形常用工具简介

下面简要介绍一下多边形建模的一些常用工具。

一、网格菜单命令

1. 结合

【结合】命令用于将不同的两个或多个多边形物体合并成一个多边形物体。与将多个物体合并在一个组不同，执行【结合】命令后的物体只拥有唯一的中心点（图 1-18）。

2. 分离

【分离】命令用于将包含多个独立物体的单一多边形物体分成多个物体。【分离】命令可以看作是【结合】命令的反向操作，可以对执行【结合】命令后的物体进行再分离（图 1-19）。

3. 提取

【提取】命令用于从物体上提取一个或多个面。可以选择物体上的任意一个或多个面来提取。【提取】命令有两种模式：一种是被提取部分与原模型分离出来，成为两个多边形物体；另一种是提取后仍然保持与原模型为同一个多边形物体（图 1-20）。

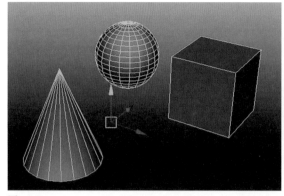
图 1-18

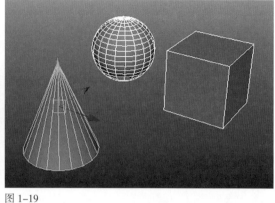
图 1-19

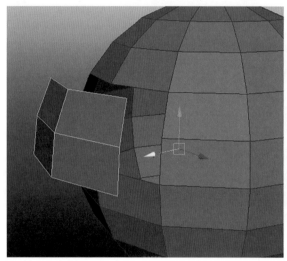

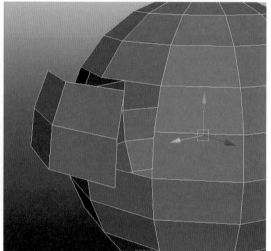
图 1-20

4. 平滑

【平滑】命令用于对物体进行光滑运算，使物体表面看起来更柔和。该命令常用于生物建模的最后阶段，当把基本布线完成后，通过该命令使模型表面过渡柔和，更接近生物的特质。平滑次数越多，物体表面越光滑。平滑过后，模型的整个体积会缩小（图 1-21）。

5. 创建多边形

【创建多边形】命令用于手动创建点的方式来创建任意多边形平面，通常需要在正、侧或顶视图中创建（图 1-22）。

二、编辑网格菜单命令

1. 挤出

将所选择的面或边沿指定方向挤出新的面或边（图 1-23）。

2. 合并

【合并】命令用于缝合物体上的点和边。合并的点和边必须在同一个多边形物体上，彼此独立的物体上的点和边是不能合并的（图 1-24）。

3. 交互式分割

在多边形物体上依次沿手动点击的轨迹分划出新的线（图 1-25）。

三、代理菜单命令

【细分曲面代理】命令可以在低多边形的
模式下显示出最终效果，执行该命令后可以在
低多边形模式下直接观察光滑后的效果。建模
过程中通过来回切换低多边形模式和光滑显示
模式，可以提高工作效率（图 1–26）。

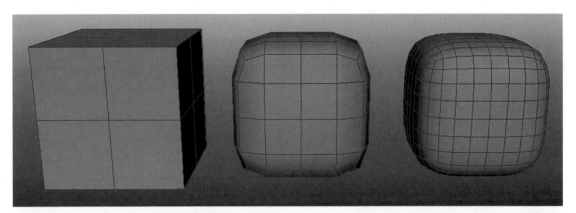

图 1–21

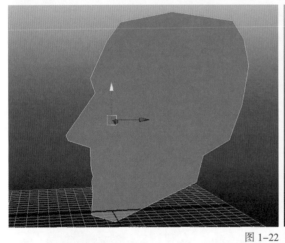

图 1–22

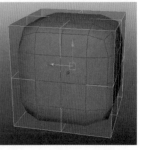

图 1–23

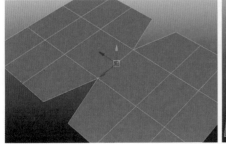

图 1–24

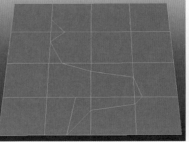

图 1–25

图 1–26

007

第二章
场景建模——简洁游戏场景的建造

本章导读

　　了解多边形几何体建模的方式。把房子与小道具分解成若干个几何体进行制作，使复杂的结构变得简单。

精彩看点

● 用关联复制的方式制作出房顶数量众多且角度倾斜的瓦片

第一节 / 导入参考图

　　将当前模块切换到【多边形建模】模式，为了更精准、更快捷地建立模型，点击正视窗左上方的【视图—图像平面—导入图像】（图2-1），将已有的模型图片导入进来作为参照（图2-2）。

　　由于导入进来的图片位置默认在空间坐标轴的【0】点，我们在【imagePlaneShape1】窗口（图2-3）中将参考图调整到合适的位置（图2-4），即调整图像中心所对应的数值。

图 2-1 导入图像

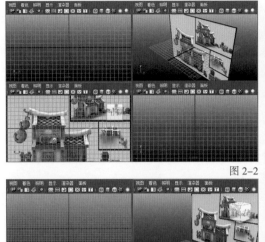

图 2-2

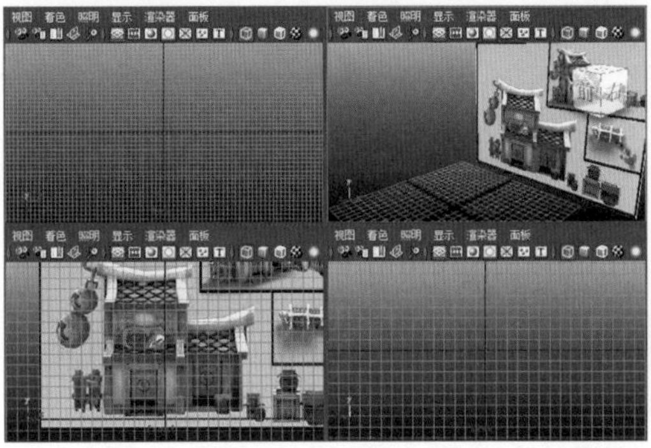

图 2-4

属性编辑器

列表 选定 关注 属性 显示 帮助

imagePlaneShape1　defaultRenderUtilityList1

聚焦
预设

imagePlane: imagePlaneShape1

显示 隐藏

示例

覆盖 Y　735
覆盖原点 X　0
覆盖原点 Y　0

图像中心　3.000　10.000　-16.000
宽度　30.000
高度　30.000

▶ 渲染统计信息
▶ 深度

选择　加载属性　复制选项卡

图 2-3

为避免参考图在后期制作中被错误操作，调整好它的位置后要将其锁定。旋转视图，选中摄像机（图 2-5），点击接口右上角的【显示或隐藏通道盒/层编辑器】，在弹出的接口中，点击【创建新层并制定选定对象】，为参考图创建一个图层，然后把选项切换成【R】 V R /layer1，将其锁定。

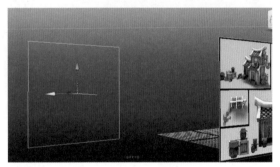

图 2-5

第二节 基体建模

一、房体建模

使用【多边形建模工具】，建立一个长方体，作为房子的主体（图 2-6）。

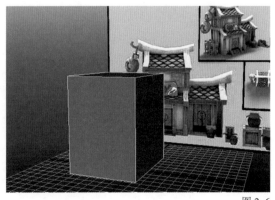

图 2-6

建模时，由于模型的底面是看不到的，我们可以将底面删掉，这样不仅方便编辑模型、减轻计算机运算负担，同时还可以避免后期拆分 UV 时出现错误。首先选择【选择工具】，在模型上长按鼠标右键，弹出如图 2-7 所示的选项，然后移动鼠标选中【面】，进入【面】层级，选中底面进行删除（图 2-8）。

随后对长方体的大小和位置进行调整。在正视图中，点选【着色】面板里的【X 射线显示】（图 2-9），可以实现模型不透明与半透明的切换，参考原画将模型调整至合适大小（图 2-10）。

接下来对模型进行加线，以完善模型。在多边形模式下，选择【编辑网络】面板中的【插入循环边工具】（图 2-11），点击模型的垂直边，对模型进行加线（图 2-12），然后在正视图中调整线的位置（图 2-13）。

需要注意的是，在软件默认【工具架】上并没有【插入循环边工具】，我们可以点击【鼠标中键 +Shift+Ctrl】将其添加到常用工具菜单栏中。

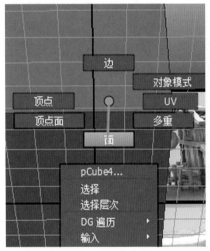

图 2-7

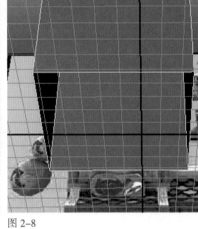

图 2-8

图 2-9

图 2-10

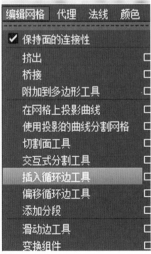

图 2-11

图 2-12

图 2-13

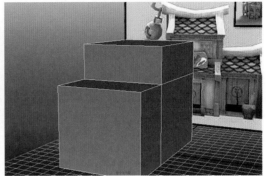

图 2-14

选择相应的面，运用【挤出工具】，沿【X】轴挤出（图 2-14），挤出的部分用来做前面的小房子。然后参考各视图中的原画调整其位置。

通过观察我们发现原画里的屋脊在模型的正中间，所以我们选择【插入循环边工具】，点击接口右上角的【显示或隐藏工具设置】，在弹出来的窗口中，点选【多个循环边】，将【循环边数】设置为【1】（图 2-15），然后点击需要加线的边，为模型添加一圈线。这时得到如图 2-16 所示的图形，所加的线圈处于图形正中间。

由于房体结构不同，我们要把右边的小房子单独做出来。选择图 2-17 所示的面（即右边房子所对应的面），点击【编辑网格】面板中的【复制面】，将这两个面复制出来（图 2-18）。

然后在【面】层级中选择这两个面，选择【挤出工具】，并沿着【Y】轴方向挤出一个长方体（图 2-19）。

把挤出来的小房子与大房子摆放在一起，为了方便后期操作，将这个小长方体中多余的面删掉（图 2-20）。

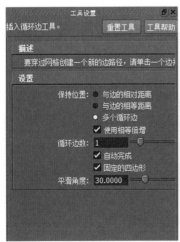

图 2-15

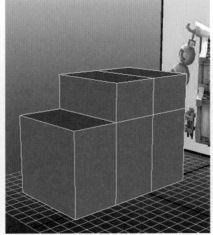

图 2-16

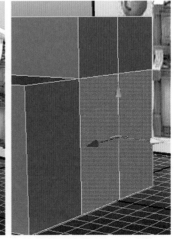

图 2-17

图 2-18 　　　　　　　　图 2-19 　　　　　　　　图 2-20

二、房体拼合与调整

建好房体模型之后调整小长方体的坐标位置，进入【对象模式】层级，选中模型，这时会发现复制出来的小长方体的坐标位于原始模型上（图 2-21），选择【修改】面板中的【居中枢轴】（图 2-22），坐标就会自动移动到该模型的中心位置。

把小长方体移动到合适的位置并参考正视图对其进行修改（图 2-23）。

进入【线】层级，对屋顶进行调整，将屋脊线沿【X】轴向上拖动，将小房子的屋檐沿【X】轴向下拖动（图 2-24），在调整的过程中多个视图进行切换操作，进而调整出合适的模型。至此，房子的大致形体制作完成。

图 2-21 　　　　　　　　图 2-22

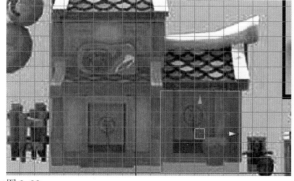
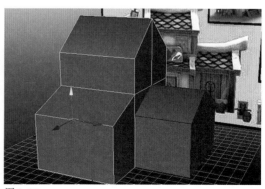

图 2-23 　　　　　　　　　　　图 2-24

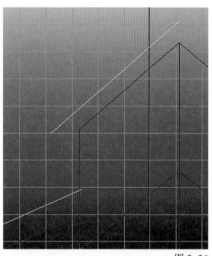

图 2-26

第三节 / 房顶建模

一、建立房顶平面

房顶是覆盖在房体上的，它的走势跟前面创建好的基体的顶部一样。这里同样可以运用前面所讲到的【编辑网格】中的【复制面】命令，从房体模型上复制出房顶，不需要另外创建房顶（图 2-25）。由于房顶是对称结构，可以采取做完一面再复制另一面的方法进行制作。

进入【线】层级，参考侧视图调整它们的位置（图 2-26）。这种方法不仅操作简便，也使得房顶的大小和走势都符合基体模型。复制出来的模型要对其执行【修改】面板中的【居中枢轴】命令，使坐标还原到基体上。

接下来，进入【面】层级，用【挤出工具】将复制出来的面挤成体（图 2-27），由于屋檐的走势是垂直的，我们可以对照侧视图对屋檐的形体进行调整（图 2-28）。

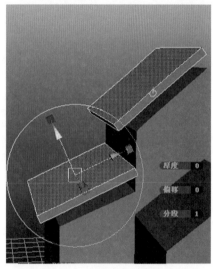

图 2-27

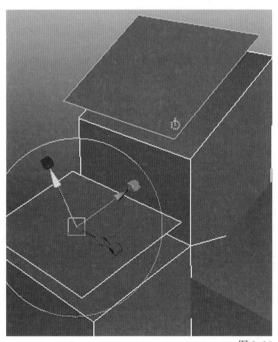

图 2-25

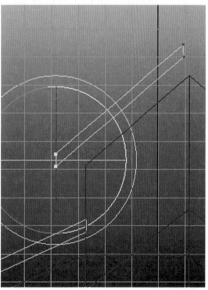

图 2-28

调整后我们发现，这些复制出来的长方体中的面会穿插在其他形体里，与基体拼合，选中这些多余的面并删除（图2-29）。

用上述方法做出右侧小房子的屋顶（图2-30）。房顶制作完成后，将房顶被遮住的面全部删除（图2-31）。

注意：建模完成后，要对其进行圆滑处理（按数字键【3】）。对图2-31进行圆滑处理后会发现模型发生严重变形（图2-32），这是因为我们没有为模型的边角进行加线固型。按数字键【1】恢复到模型的初始状态，使用【插入循环边工具】为房子的边缘加线（图2-33）。

再按数字键【3】进入圆滑显示状态，点击【对所有项目进行平滑着色处理】后进行观察，会发现由于模型边角有了足够的线固定外形，它的轮廓变得硬朗，结构得以成立（图2-34）。

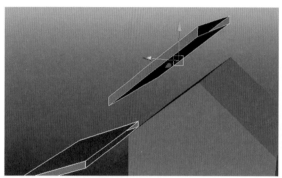

图 2-29

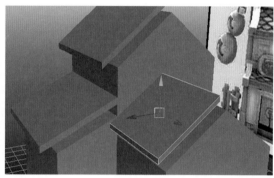

图 2-30

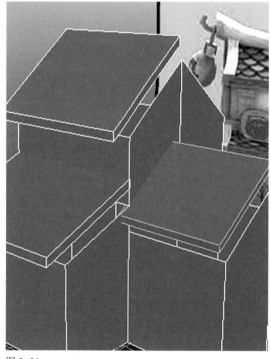

图 2-31

图 2-32

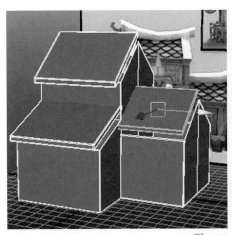

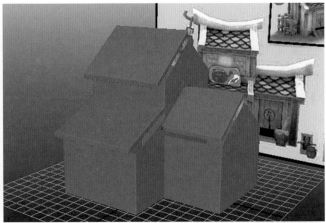

图 2-33

图 2-34

二、制作瓦片

下面为房顶制作瓦片。瓦片的形状和大小都一模一样，我们可以只做一片，然后对其进行复制来制作全部瓦片。建一个扁平的圆柱体，点击接口右上角的【显示或隐藏通道盒 / 层编辑器】，在弹出的窗口中，将圆柱体的【轴向细分数】设置为【8】（图 2-35），由于后期还要对模型进行圆滑显示，所以这里暂时不用考虑圆柱体不够圆滑这一问题（图 2-36）。

在建模时，应当养成良好的操作习惯，删除圆柱体的底面（图 2-37）。

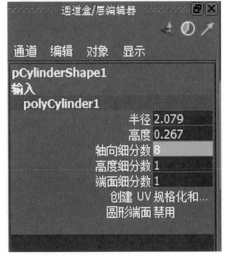

图 2-35

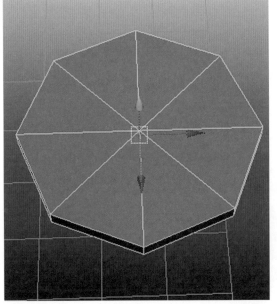

图 2-36

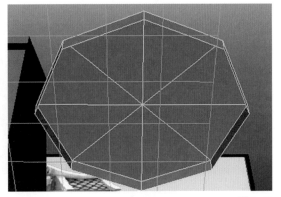

图 2-37

对模型进行加线处理，由于瓦片与房体顶部的结构有所不同，所以不能用【插入循环边工具】对其进行加线。选中顶部所有的面，对它们执行【挤出】命令，然后点击快捷键【R】将其缩放到合适的大小（图2-38），再点击数字键【3】进入圆滑模式进行检查（图2-39）。

在数字键【3】圆滑显示的状态下，选中做好的圆柱体，点击【Ctrl+D】对它进行复制。复制出来的模型与原模型是重合的，沿着【X】轴方向将其拖到合适的位置（图2-40），然后对这个复制出来的模型进行多次【Shift+D】操作，这个模型就会按照前面的命令，重复有序地进行复制（图2-41），这样一排瓦片就制作完成了。

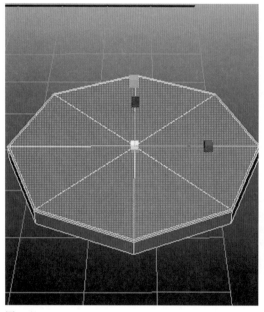

图2-38

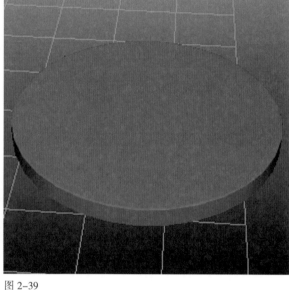

图2-39

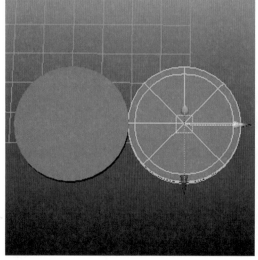

图2-40

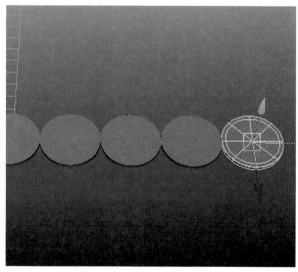

图2-41

选中制作完成的一排瓦片，同样运用上述方法对它们进行复制，并调整它们的位置（图2-42）。

瓦片制作完成后，接下来就要把这些瓦片摆放到屋顶上。选中所有瓦片，点击【Ctrl+G】对它们进行群组，多个视图相结合对其进行翻转（【E】键）、移动（【W】键）、缩放（【R】键）的操作，直至把它们调整到合适的位置（图2-43）。

逐个选中凸出来的瓦片，分别进入【面】层级，删掉超出房顶边缘的面（图2-44）。然后将这层瓦片复制到其他屋顶上，并结合屋顶的大小调整瓦片的位置和数量（图2-45）。

接下来用【特殊复制】将另一边屋顶复制出来。选择制作好的一边屋顶，点击【Insert】键，进入到侧视图，把屋顶的坐标中心调整到最右侧（图2-46）。

在【编辑】面板中找到【特殊复制】，点击该命令后面的小方块后会弹出相应的编辑窗口（在旋转项的后面），将【Y】轴参数设置为【180】（图2-47），最后点击【应用】按钮，就会看到一边屋顶以屋脊为中心轴复制到了另一边（图2-48）。

运用这种方法，将其他需要复制的屋顶和瓦片全部复制出来（图2-49）。

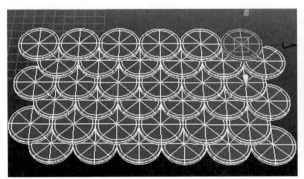

图 2-42

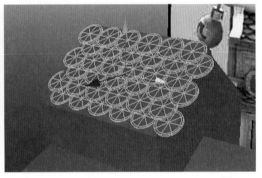

图 2-43

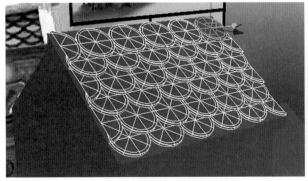

图 2-44

图 2-45

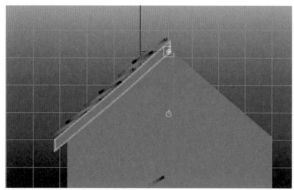

图 2-46

图 2-47

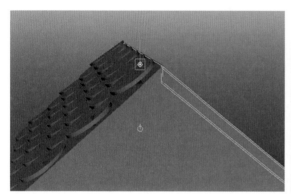

图 2-48

图 2-49

三、屋顶建模

通过上述操作，房子的大致形体已经出来了，接下来开始丰富它的细节。

首先是屋顶两旁的屋檐，由于这些屋檐的大小和形状都一样，可以只做一个然后对其进行复制。创建一个长方体，将【高度细分数】设置为【3】（图 2-50），调整其外形，删掉顶面（放到屋顶上看不到的面），并对其进行加线，做出一定的弧度，将其放到合适的位置（图2-51）。

使用【复制工具】和【特殊复制工具】复制出其他屋檐（图 2-52）。

其次是屋脊，先制作出一个，再对其进行复制。创建一个圆柱体，将【高度细分数】设置为【4】，【旋转 Z】设置为【90】（图 2-53），并对它的外形进行调整（图 2-54）。

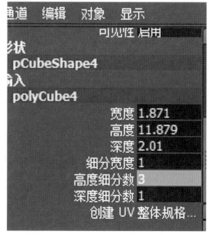

图 2-50

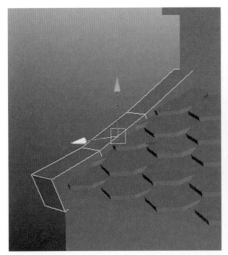

图 2-51

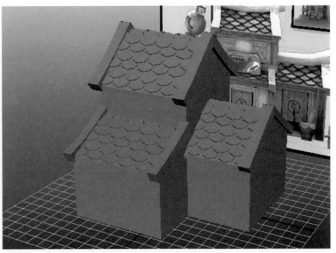

图 2-52

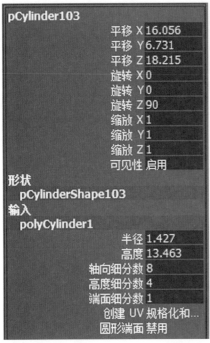

图 2-53

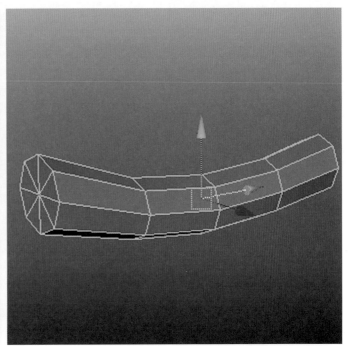

图 2-54

通过观察原画，我们发现屋脊的两端是凹进去的。选中一边的面，点击【挤出工具】，用【缩放工具】（【R】键）缩小挤压出来的面（图 2-55），然后对缩小后的面进行再挤压，使用【移动工具】（【W】键）将其沿【X】轴向内挤压（图 2-56）。

两边都挤压完后对其进行加线固型，并把它放在房顶中间（图 2-57）。

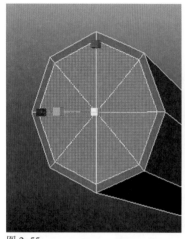 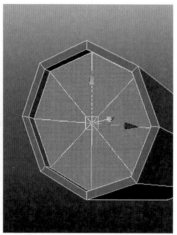

图 2-55   图 2-56

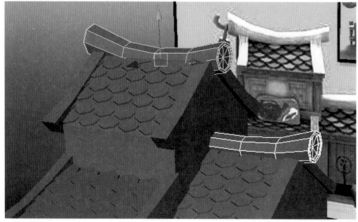

图 2-57

第四节 其他结构建模

一、门的制作

1.门帘

从原画中我们看到，房门是镂空的，门上悬挂着一个门帘。在这里，我们可以用挤出来的这个面复制门帘，复制完成后将模型上挤出的面删除即可形成门帘悬挂在门上的效果。

在【面】层级下，选中房门所在的面，使用【挤出工具】对其进行挤压，再点击【R】键将其缩小（图2-58），然后结合正视图调节大小（图2-59）。

选中被挤出来的面，点击【编辑网格】面板中的【复制面】，将复制出来的面移出（图2-60），删掉原来的面，将复制出来的门帘放到门框中并调整它的大小（图2-61）。

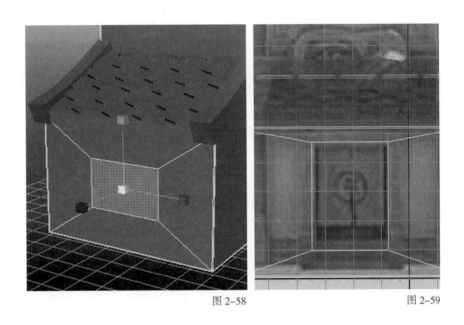

图2-58

图2-59

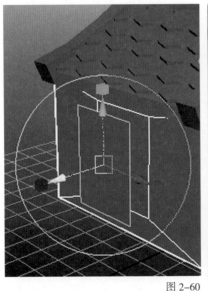

图2-60

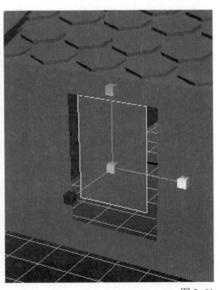

图2-61

2.门框与楼梯

在这里补充一点，当模型部件数量过多时，可以选中【着色对象】面板上的线框，这样可以更清晰直观地观察模型（图2-62）。

可以利用门框将走廊模型创建出来。选中门框，对它进行复制，将复制出来的模型调至与原画接近（图2-63）。

利用门楣复制出一个长方体，用来制作楼梯。选中接口右上角的【显示或隐藏通道盒/层编辑器】，在弹出来的窗口中将【保持位置】设置为【多个循环边】，【循环边数】设置为【2】（图2-64），之后用【插入循环边工具】对被复制出来的长方体进行加线（图2-65）。

接下来运用【挤出工具】，把楼梯一层层挤出来（图2-66），之后删掉两侧多余的面，并把它们摆在合适的位置（图2-67）。

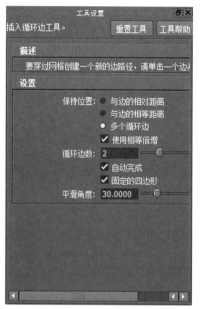

图 2-64

图 2-65

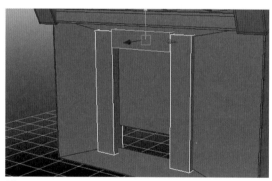

图 2-62

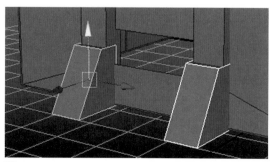

图 2-63

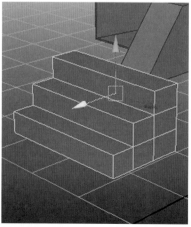

图 2-66

图 2-67

对门框和楼梯进行边缘线固型（图 2-68）。

用制作大房子门框的方法来制作另外一间小房子的门框（图 2-69）。

二、地基

建立一个长方体，结合透视图和顶视图调整地基的位置和大小，使它的边宽于房子的边。同时，按下【Ctrl+D】复制一个用来做房子两层楼之间的隔板，并调整其位置与大小（图 2-70）。

三、窗户和柱子

用多个长方体拼出一个窗户，之后以它为基础复制出其他窗户（图 2-71）。

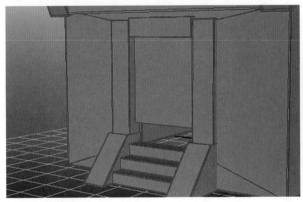

图 2-68

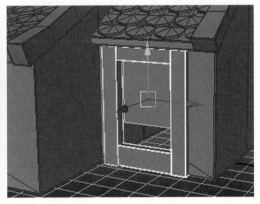

图 2-69

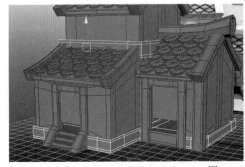

图 2-70

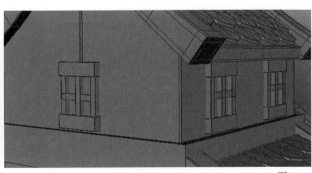

图 2-71

用更多的长方体建出棱柱（图2-72）。

以圆柱体为基准形建立其他圆形的柱子。我们可以通过复制圆柱，对它进行加线然后再修改其外形的方式制作下方的石墩。创建出一个柱子后再复制出其他的柱子（图2-73）。

两层楼之间夹板上的圆柱体也是如此，我们以石墩为基准形，复制出夹板上的柱子，并调整它的外形、大小（图2-74）。

房子主体部分的制作到这里告一段落。全选所有模型，按下数字键【3】进行圆滑显示（图2-75），对它们进行检查，确认无误后进入下一步的制作。

图 2-72

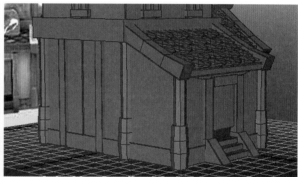
图 2-73

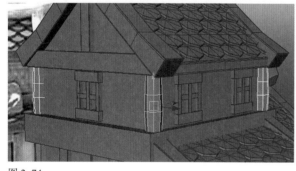
图 2-74

图 2-75

第五节 其他道具建模

一、匾额

创建一个扁平的圆柱体，将【轴向细分数】设置为【10】，删除两个横面上构成三角面的边，调整它的外形（图2-76），然后对其进行加线固型，并把它摆放在房顶（图2-77）。

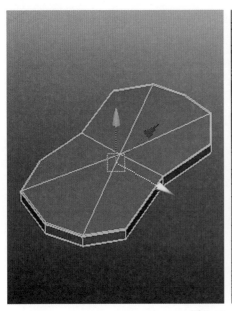
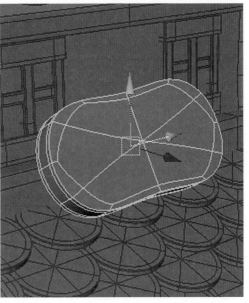

图 2-76   图 2-77

二、挂钩

创建一个圆柱体，用【插入循环边工具】对其进行加线，然后对每个节点进行旋转，制作出屋顶挂饰上的挂钩（图2-78）。

图 2-78

三、挂件

1.圆环

创建一个圆环,将【截面半径】设置为【0.7】,【轴向细分数】设置为【6】,【高度细分数】设置为【5】(图 2-79),并将其放在合适的位置(图 2-80)。

2.扣住部件

通过观察我们可以看到,圆环扣住部件是个近似圆环的四边形,如果我们创建一个圆环,将圆环的【高度细分数】和【轴向细分数】设置为【4】,发现该效果与预期会有较大出入。(图 2-81)。在这里,我们将【高度细分数】设置为【6】,【轴向细分数】设置为【4】。然后进入【线】层级删掉最外面和最里面的两圈线,进入【点】层级删除这两圈线留下的点,即得到我们想要的效果(图 2-82)。然后对它进行加线,把方形的环摆放到合适的位置(图 2-83)。

3.葫芦

以球体为基准形,创建葫芦;以长方体为基准形,创建葫芦上穿插的柱子(图 2-84)。

四、支架

以圆柱体为基准形,创建房子左边支架的腿,然后复制出另外三个(图 2-85)。再创建一个扁平的圆柱体,将【轴向细分数】设置为【10】,拉长两边的点,沿【X】轴缩小中间的边。修改顶面跟底面的边,最后加线固型,做出支架的两个横面(图 2-86)。

图 2-79

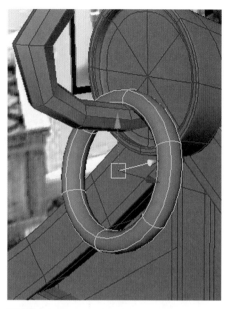

图 2-80

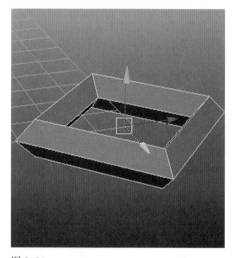

图 2-81

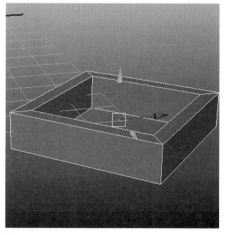

图 2-82

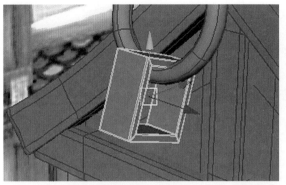

图 2-83

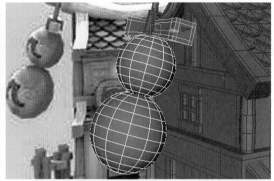

图 2-84

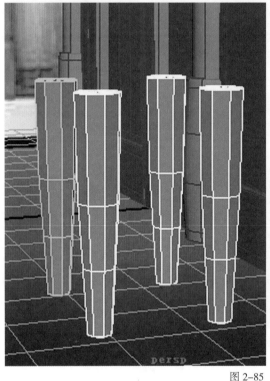

图 2-85

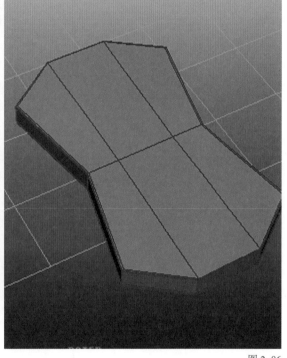

图 2-86

把横面摆放在支架的四条腿中间并对其进行群组（【Ctrl+G】），然后复制出另一个支架，并调整其方向（图 2-87）。

五、杵臼

1. 石臼

建一个圆柱体，将【轴向细分数】设置为【8】，添加两圈循环边，调整它的外形，删掉两个横面上构成三角面的边（图 2-88）。运用【挤出工具】对顶面进行挤压并缩小，再对被挤出来的面进行再挤压，然后沿着【Y】轴向下拖动，做出石臼中空的效果。删除石臼里看不到的面（图 2-89）。

用同样的方法制作石臼的底部，选择【挤出工具】沿着【Y】轴将石臼的底座挤压出来（图 2-90），最后调整它的外形，确认可以成形后对其进行加线固型（图 2-91）。

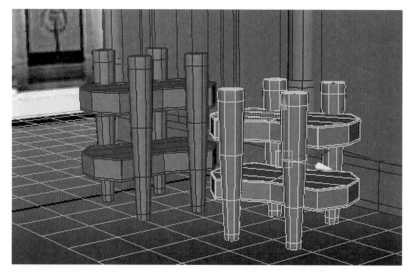

图 2-87

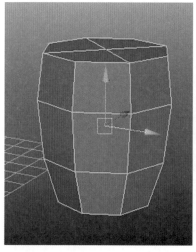

图 2-88

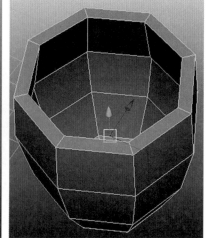

图 2-89

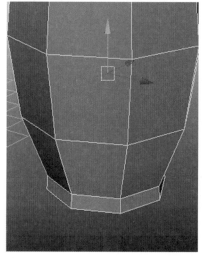

图 2-90

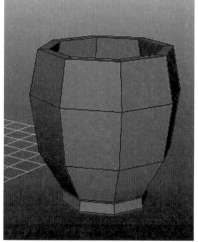

图 2-91

2.杵

以圆柱体为基准型，同样将【轴向细分数】设置为【8】，按照原画对其进行加线并修改其外形（图2-92）。将其摆放至石臼中（图2-93）。

六、药碾

建立一个多边形长方体，添加循环边，并调整其外形，用加线、挤压等方法做出碾槽（图2-94）。然后对其顶面进行挤压缩放，挤压后沿着【Y】轴向下拖动，制作凹槽（图2-95），最后调整形体，加线固型（图2-96）。

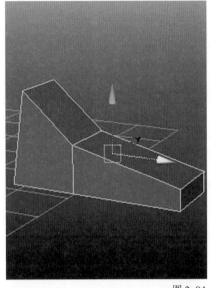

图 2-94

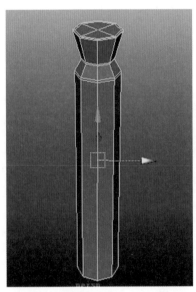

图 2-92

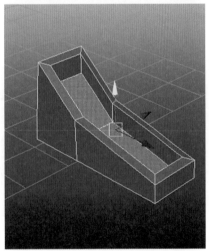

图 2-95

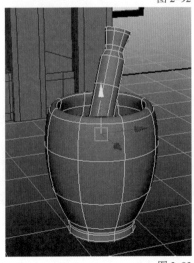

图 2-93

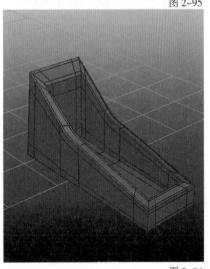

图 2-96

用扁的圆柱和细长的圆柱做出碾槽里的碾轮（图2-97）。

七、箱子

从原画中可以看出，木箱子是个正方体，我们就用【多边形立方体工具】创建出一个正方体，将它的【宽度】、【高度】、【深度】参数统一设置为【2】（图2-98）。

在【面】层级下，选中正方体的一个面，对它进行挤压缩放，然后对其进行再次挤压，把这个面朝正方体中心拖动（图2-99），对其他的面也进行这样的操作，最后对箱子进行加线固型（图2-100）。

八、酒坛子

与制作石臼的前期步骤一样，建立一个如图2-101所示的基准型。接下来制作盖住酒坛子的布，进入【面】层级，选中酒坛顶部的面，点击【鼠标右键+Shift】，选择【提取面】（图2-102），将酒坛口的这些面分离出来用来做布（图2-103）。

选中如图2-104所示的这圈线，对其执行【挤出】命令，并调整其大致形状。至此，布的大致形态就做出来了，对它进行加线固型（图2-105）。

最后复制出其他的木箱子和酒坛，并把它们摆放在合适的位置，此场景模型全部制作完成，通过白模渲染方式显示观察（图2-106）。

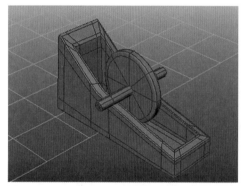

图2-97

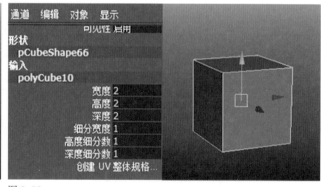

图2-98

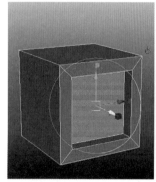

图2-99

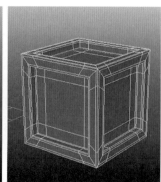

图2-100

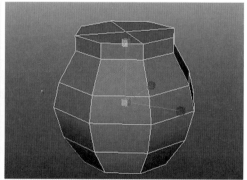

图2-101

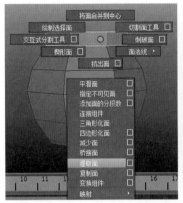
图 2-102

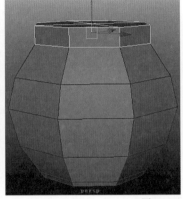
图 2-103

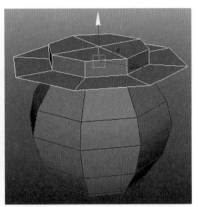
图 2-104

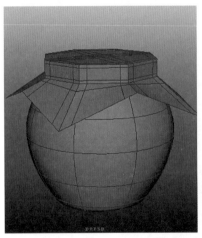
图 2-105

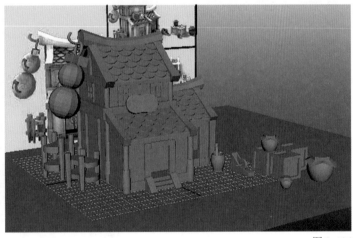
图 2-106

第三章
道具建模——战斧模型的建造

本章导读

解析战斧，不同的形态和结构应该运用不同的方法制作。运用【挤压】命令制作手柄；运用【创建多边形】命令制作刀刃主体；运用【布尔运算】精准剪切出手柄上端凹陷纹样与刀刃上的小缺口。

精彩看点

● 连续的挤压和缩放轻易地做出了看似复杂的凹槽

第一节 / 导入草图

将当前模块切换到【多边形建模】模式，点击正视窗左上方的【视图—图像平面—导入图像】，将已有的斧头正视图手稿导入进来作为参照（图3-1）。

由于形状和材质的不同，可以看出整个模型主要由长柄和金属斧刃两大部分构成。

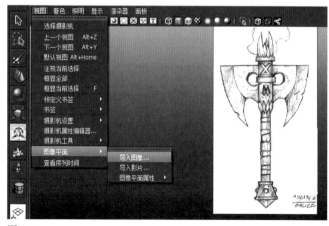

图3-1

第二节 长柄建模

长柄又可以细分为手柄、底座、刀柄和兽牙四个部分。

一、手柄建模

手柄相对规整，比较接近圆柱体，我们先从这部分做起。首先创建一个多边形圆柱体，在右侧的属性通道中将【轴向细分数】、【高度细分数】、【端面细分数】分别设置为【8】、【1】、【1】，这时圆柱变为了八棱柱。再对模型进行缩放使之外轮廓在正视图中与背景草图基本保持一致（图3-2）。

点击【着色—射线显示】将模型进行半透明显示。可以发现，这个部分有许多距离、角度不一的纹路凹槽，从棱柱上将凹槽划分出来。选择【编辑网格—插入循环边工具】，在模型上划分出与草图位置相近的环线（图3-3）。

选中新划分出来的全部窄面，点击【挤出工具】，沿【Z】轴方向向内挤压出纹路（图3-4）。

注意：在挤压之前需要先勾选【编辑网格—保持面的连接性】，如果不勾选此项，每一个被挤出的面将会彼此独立存在。

接下来，使用【旋转工具】将纹路凹槽的角度旋转到与草图一致（图3-5）。

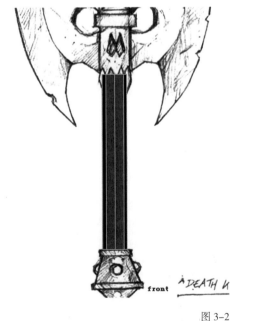

图3-2

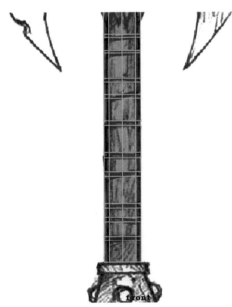

图3-3

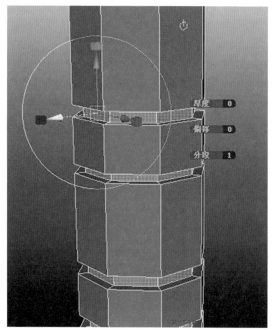

图 3-4

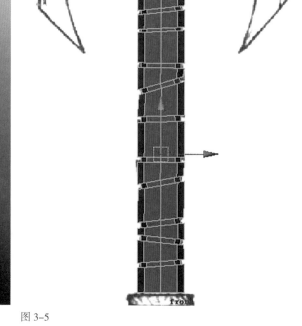

图 3-5

这样，手柄部分已基本制作完成，按数字键【3】使模型圆滑显示。此时可以看到，由于纹路边缘缺乏足够的布线，致使模型纹路边缘过渡模糊，缺乏细节（图 3-6）。要使模型既精细圆滑，又有足够的细节，边缘必须有合理的布线。

按数字键【1】使模型恢复初始状态，使用【插入循环边工具】在纹路凹槽相邻的边缘进行环线的划分（图 3-7）。

再按【3】键进行观察（图 3-8），这时手柄纹路凹槽边缘有了足够的布线，模型得到了很好的约束，外形细节清晰明了。由此，手柄下端部分制作完成（图 3-9）。

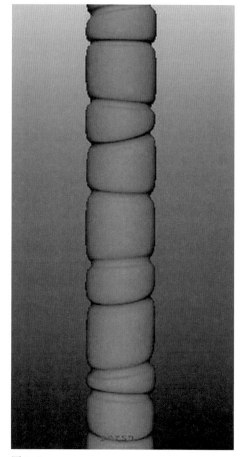

图 3-6

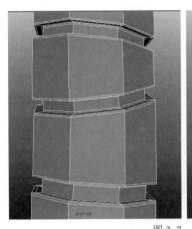
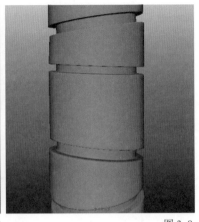
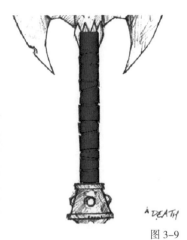

图 3-7   图 3-8   图 3-9

二、底座建模

可以从手柄下端挤出底座，也可以单独使用多边形建模制作后进行拼接。这里，我们采用第一种方法制作。

选中模型的底面，要注意检查有没有选到其他不该选的面（图3-10），点击【挤出工具】 ，挤出并放大挤出的面（图3-11）。

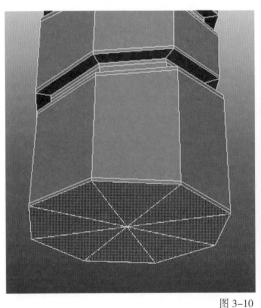
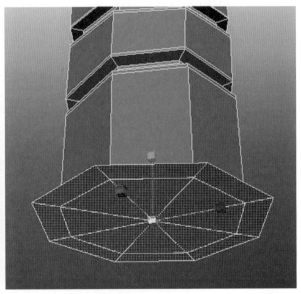

图 3-10   图 3-11

挤出新的面并向下拖动（图 3-12），随时注意在正视图和透视图之间来回切换进行观察，使模型与草图尽量相符（图 3-13）。

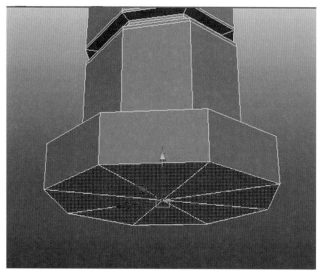

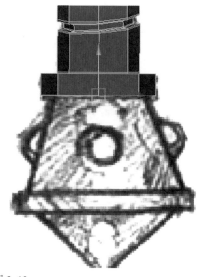

图 3-12   图 3-13

挤出新的面并向内缩小（图 3-14），再挤出新的面向下拖拽并放大（图 3-15）。

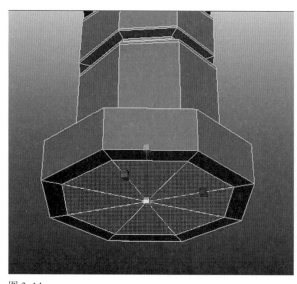

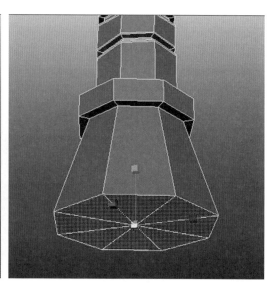

图 3-14   图 3-15

挤出新的面并向外放大（图3-16），再挤出新的面向下拖拽（图3-17）。

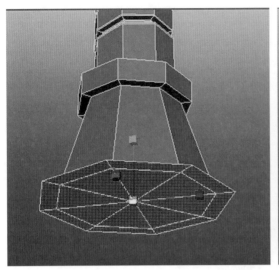

图 3-16

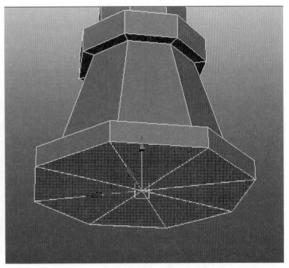

图 3-17

继续挤出新的面并向内缩小（图3-18），再挤出新的面向下拖拽并缩小成底部顶点（图3-19）。

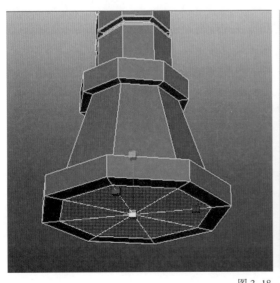

图 3-18

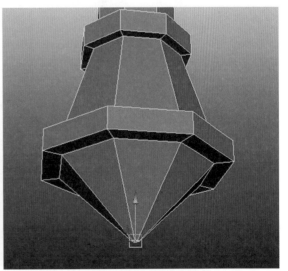

图 3-19

此时别忘了将模型的边缘硬化，使用【插入循环边工具】在模型周围进行环线的划分（图3-20）。按数字键【3】观察模型圆滑显示的效果（图3-21）。

最后为底座加上圆球，创建一个多边形球体缩放至合适大小，并放置于底座正前方（图3-22）。其他几个方向上也有一模一样的球体，除了一个个复制并均匀摆放这个方法之外，还有一个更加快捷有效的方法，具体操作步骤如下：

首先，改变物体的轴心。从顶视图进行观察，选择球体，按键盘右上方【Insert】键，可以看到球体的坐标显示发生了变化（图3-23），

这表示此时该物体的轴心坐标可以被移动。将坐标移动到斧头手柄的中心（图3-24），再按一次【Insert】键，坐标显示恢复到原始状态（图3-25）。

接下来，点击【编辑—特殊复制】后面的小方框，在弹出的对框中将【旋转】选项第二格（【Y】轴）设置为【90】，【副本数】选项设置为【3】（图3-26）。这样，模型将会以底座中心为轴心，沿着【Y】轴方向，每90度复制一个，依次复制出三个新的球体（图3-27）。至此，手柄底座的制作就完成了（图3-28）。

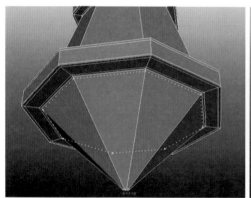

图3-20

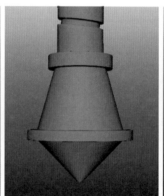

图3-21

图3-22

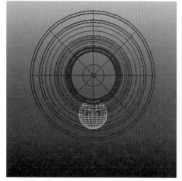

图3-23

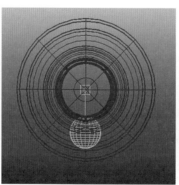

图3-24

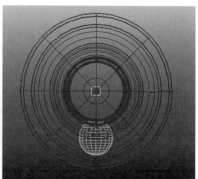

图3-25

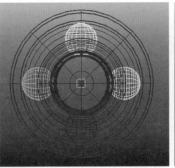

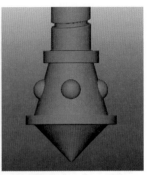

图 3-26   图 3-27   图 3-28

三、刀柄建模

创建一个多边形圆柱体，将其摆放到合适的位置并将其缩放至手稿刀柄大小。由于后面会对该模型进行【平滑】操作，模型的片面数会成倍增长，所以我们可以先将模型的片面数降低，在属性通道栏中将【轴向细分数】设置为【8】（图 3-29）。

对照正视图，在刀柄上端和中间添加环线（图 3-30）。选择新的窄面，点击【挤出工具】挤出新的面，并沿【Z】轴方向向外拖动形成凸起的部分（图 3-31）。

此时别忘了将模型的边缘硬化，使用【插入循环边工具】在边缘周围进行环线的划分（图 3-32）。按数字键【3】观察模型圆滑显示的效果（图 3-33）。

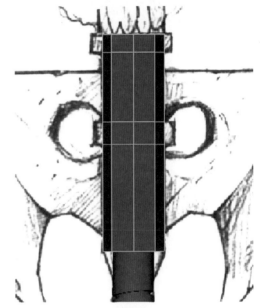

图 3-30

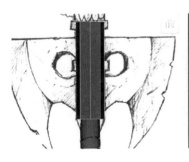

图 3-29

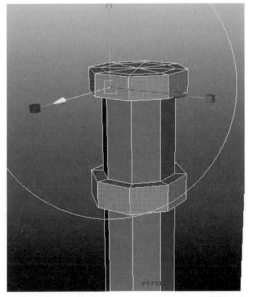

图 3-31

图 3-32

图 3-33

使模型圆滑的方式有两种：一种是按数字键【3】，一种是执行【网格—平滑】命令。用这两种方式圆滑后虽然模型外形几乎一模一样，但性质却大不相同。

前者为圆滑显示，主要便于制作过程中进行实时观察，模型的面片数和线段数并没有真正变化或增加。一般情况下，在简洁模式下制作可按数字键【1】，在圆滑模式下观察可按数字键【3】，两者来回切换；后者则使模型面片数和线段数成倍增加，一旦删除历史记录便无法恢复到初始阶段。

接下来，我们要"挖出"手柄上端的两个异形凹槽。但由于此处需要运用【布尔运算】这一特殊的操作，所以必须先使模型圆滑。执行【网格—平滑】命令或点击【平滑工具】 🌐 圆滑模型，执行此命令后模型面数将成倍增加（图 3-34）。

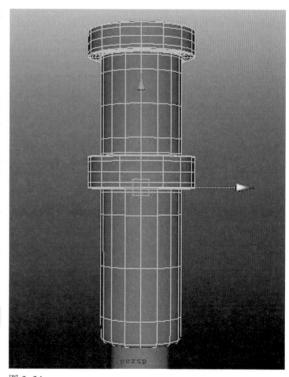

图 3-34

挖出凹槽需要先制作出凹槽的实体模型，再通过【布尔运算】求出差集。选择【网格—创建多边形工具】，在正视图中对比手稿底图划出平面形状（图 3-35），结束按下【Enter】键确定。再使用【交互式分割工具】 划出中间位置的小三角形（图 3-36）。点击鼠标右键弹出模型的基本选项，选择【面】选项（图 3-37）。按下【Delete】键将三角面删除（图 3-38）。

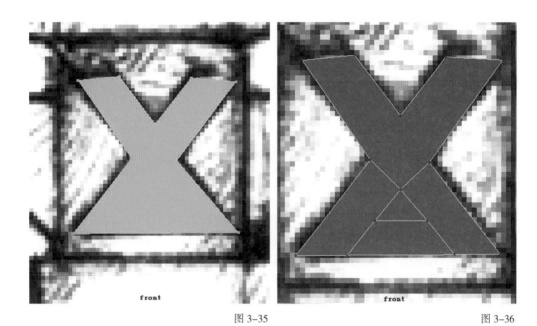

图 3-35

图 3-36

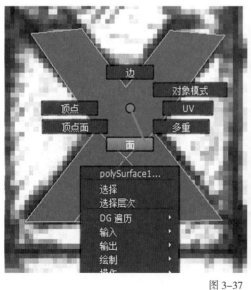

图 3-37

图 3-38

选择建好的底面，点击【挤出工具】挤出新的面，并沿【Z】轴方向向外拖动形成凸起的实体（图 3-39）。运用上述操作方法制作出另一个凹槽实体模型（图 3-40）。

接下来，运用【布尔运算】求出刀柄凹槽。【布尔运算】对模型要求很高，一般不能有多余的废点、错乱的布线和过多的多边形等。在进行【布尔运算】时，选择模型的先后顺序和选择不同的求集选项，都会使运算结果发生变化。有时也可能出现选择【并集】却出现【差集】，或者选择【差集】却出现【交集】等错位现象。遇到这种情况，在确认两个模型本身没有问题的情况下，不妨多尝试几种求集的组合方式，问题通常可以得到解决。

将新建好的两个凹槽模型摆放到与刀柄相交的合适位置（图 3-41），先后选择上部凹槽模型与刀柄，执行【网格—布尔—差集】命令，得出上部凹槽。先后选择下部凹槽模型与刀柄，执行相同命令，得出下部凹槽（图 3-42）。整个刀柄部分就制作完成了。

图 3-39

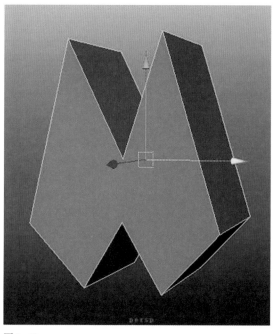

图 3-40

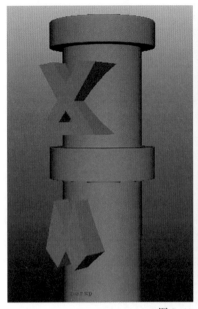
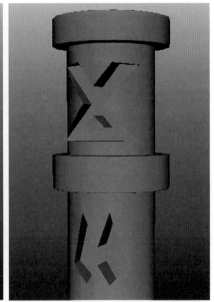

图 3-41   图 3-42

四、兽牙建模

为了便于后面的制作和观察，建立一个显示层，将已做好的部分添加进去并隐藏显示。

兽牙的形状为顶端尖锐，并带有转折明显的利刃。

建立一个多边形立方体，将它的【细分宽度】、【高度细分数】、【深度细分数】分别设置为【2】、【3】、【2】（图 3-43）。点击鼠标右键进入模型的【点】【边】【面】层级，对照草图调节出兽牙的大致形状（图 3-44）。制作时一定要多从各个视图和角度观察模型，不能只顾一面，对于草图上没有表现出来的面要进行仔细推敲。

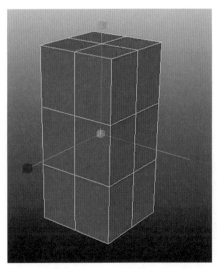

图 3-43   图 3-44

按数字键【3】观察模型圆滑模式，可以发现顶点不够尖锐、底部不够硬朗（图 3-45）。在顶点附近加线，将其固定。由于兽牙底部镶嵌在刀柄上，所以可以将底面删除（图 3-46）。

在兽牙两边划线并调整，制作出两边的棱线（图 3-47）。继续对其进行布线，使之显得挺拔有力、节奏有变化（图 3-48）。至此兽牙制作完成。

另外一边的兽牙外形与当前这颗非常接近，选择模型，按【Ctrl+D】复制出另一颗兽牙，旋转使之与另外一边形成对应，并对其大小、高低进行微调（图 3-49）。

中间的小兽牙上下两端都是尖的，与已有兽牙模型不同，需要重新制作。建立一个多边形圆柱，将它设置为五棱柱（图 3-50），将上下端点各自调节成尖锐的顶点，并调整出兽牙的大体形状（图 3-51）。

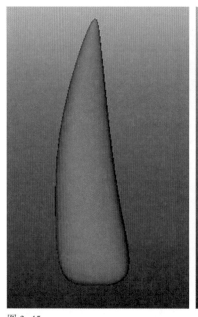
图 3-45

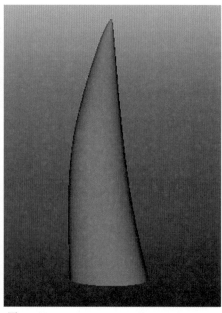
图 3-46

图 3-47

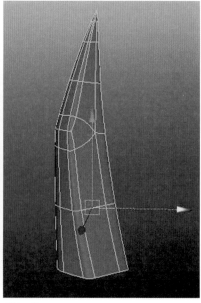
图 3-48

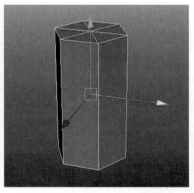
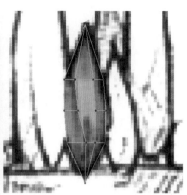

图 3-49   图 3-50   图 3-51

点击鼠标右键进入模型的【点】、【边】、【面】层级对照草图，在兽牙两边划线并调整，制作出两边的棱线（图 3-52）。继续对其进行布线，使之显得挺拔有力、节奏有变化（图 3-53）。

复制出另外几颗兽牙，并做出适当调整，参照草图旋转摆放好位置（图 3-54）。在刀柄下端还围绕着一圈兽牙，同样采取复制的方式将其调整并摆放好位置（图 3-55）。此时，所有的兽牙就制作完成了。

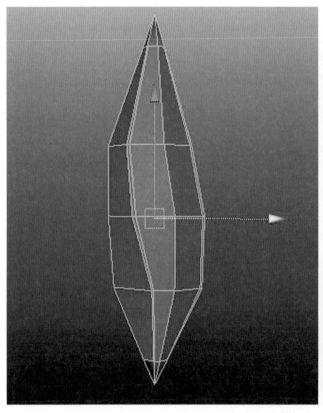
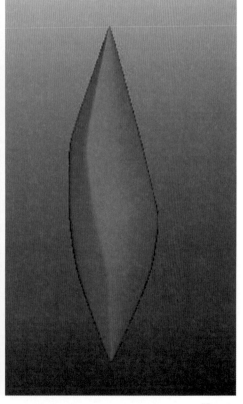

图 3-52   图 3-53

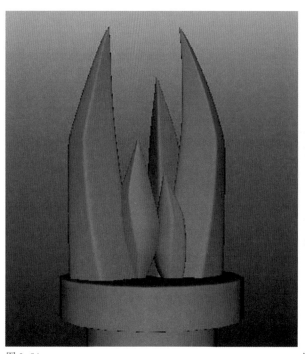

图 3-54

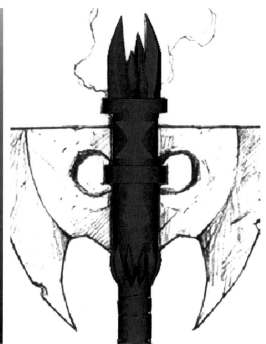

图 3-55

第三节 斧刃建模

一、斧刃整体建模

接下来开始制作斧头的金属斧刃部分。制作之前先对其进行仔细观察，可以看出斧刃是一个不规则的多边形，转折比较多并且锐利，总体偏扁平。我们可以用先创建多边形底面，再拉伸出厚度的方法来制作。

选择【网格—创建多边形工具】，在正视图中比照斧头草图在各转折处依次点击鼠标左键（图 3-56），创建出斧刃的多边形平面，并按下【Enter】键结束（图 3-57）。

通常我们都在平面视图里创建多边形，一般不在透视图视窗中创建。在创建过程中若出现错误，可按下【Delete】键删除当前操作。

使用【交互式分割工具】将不规则的多边形底面划分成多个四边形，四边形的分布应该均匀合理，并尽量依照模型的物理结构进行分析（图 3-58）。斧刃的中心有两个圆形的孔，在靠近圆形孔的位置划线，并将此处的面删除（图 3-59）。

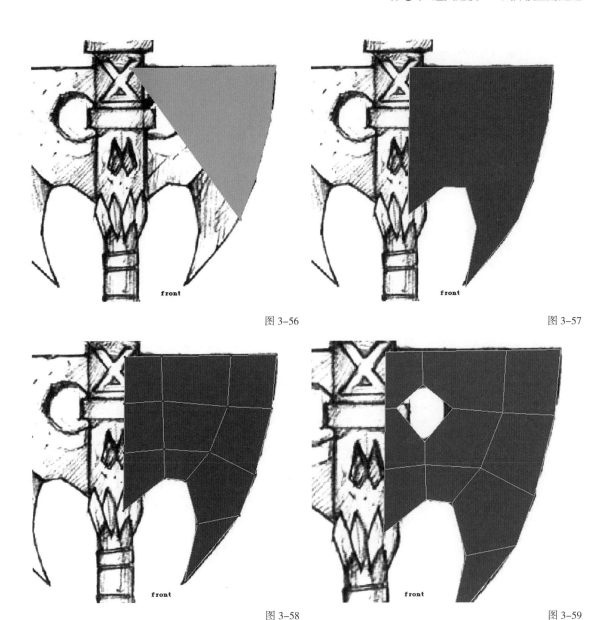

图 3-56

图 3-57

图 3-58

图 3-59

　　圆形孔的出现使得原本的四边形块面变成了五边形。从各个五边形的顶点向边线中间划线，这样不但使每个五边形分别被剖成了两个四边形，而且使圆形孔的边缘增加了更多的点，方便了后期造型，达到了一举两得的效果（图 3-60）。调整新增的点和线，使外形更加准确（图 3-61）。

　　在边缘加上一圈线对模型和洞形孔外轮廓进行固定（图 3-62），同时还要注意对几个尖角顶点的线条进行整理（图 3-63）。

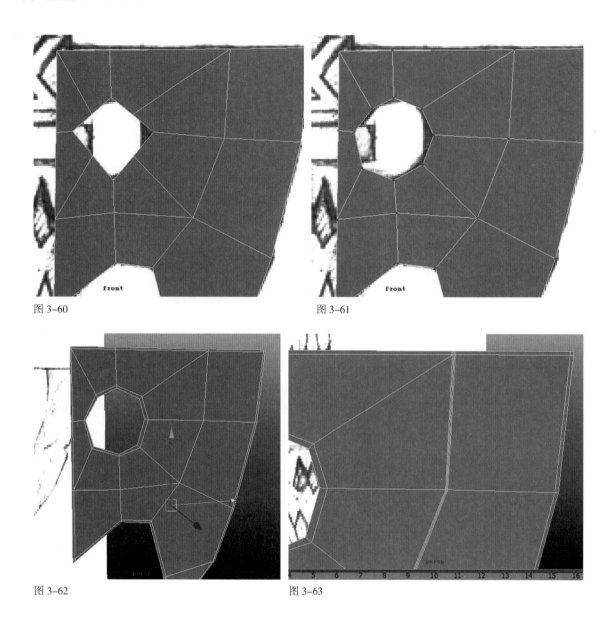

图 3-60

图 3-61

图 3-62

图 3-63

选择所有的平面，使用【挤压工具】挤出新的面并沿【Z】轴向外平行拖动一定的距离形成一定厚度（图 3-64）。选中刀刃边缘的点沿【Z】轴对其进行压缩，形成锋利的刀刃（图 3-65）。

因为此部分与斧头手柄部分是紧密相接的，所以我们可以将相接的面删除（图 3-66）。在各个边缘添加环线，进一步固定模型的轮廓（图 3-67）。

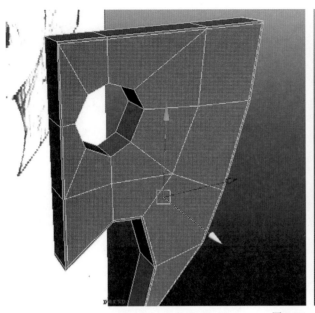

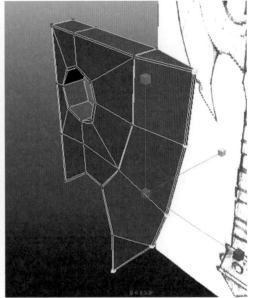

图 3-64　　　　　　　　　　　　　　　　　　　　图 3-65

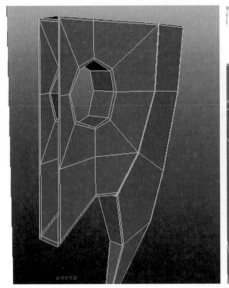

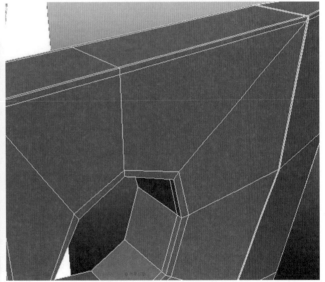

图 3-66　　　　　　　　　　　　　　　　　　　　图 3-67

　　此时按数字键【3】将模型圆滑显示，斧头刀刃大体已经成型了，但仔细观察还是可以看到下半部分两处较为明显的转折没有体现出来（图 3-68）。给这两处加上环线，制作出模型的转折部分（图 3-69）。

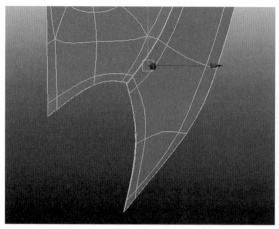

图 3-68

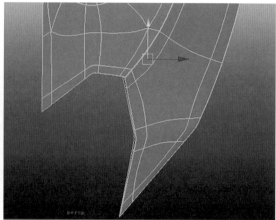

图 3-69

二、处理斧刃缺口

选择斧刃模型，按【Ctrl+D】复制出一个新的模型，将其缩放属性【X】轴向的数值设置为【-1】，镜像出另一边的刀刃模型（图 3-70）。底图刀刃边缘有几个小缺口，我们可以用【布尔运算】来进行制作。先将左右刀刃模型平滑处理（图 3-71）。

在缺口位置建立几个小多边形方块（图 3-72），三次使用布【尔运算】计算生成缺口（图 3-73）。

缺口制作完成后，将其余隐藏的部分显示出来并摆放好位置。至此，整个斧头模型制作就完成了（图 3-74）。

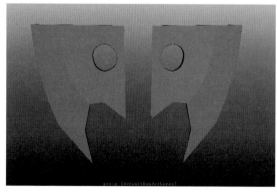

图 3-70

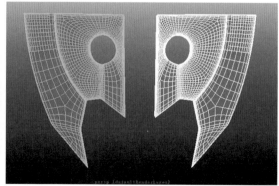

图 3-71

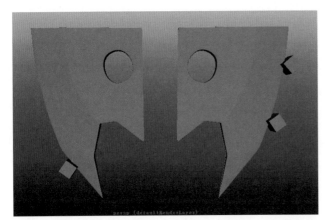

图 3-72

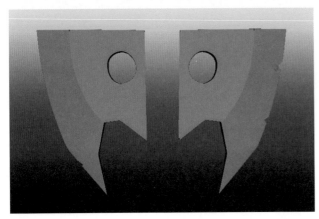

图 3-73

图 3-74

第四章
卡通角色建模——卡通猪模型的建造

本章导读

制作非机械模型时，要分析卡通角色的结构特征，根据角色的外形对其进行高度概括。掌握卡通角色的制作思路和方法。制作过程中要养成合理布线的习惯。

精彩看点

● 特殊复制出来的一半模型，随着另一半模型的操作而发生镜像对称变化

第一节 导入视图

将当前模块切换到【多边形建模】模式，分别点击正视窗与侧视窗左上方的【视图—图像平面—导入图像】，导入正视图、侧视图这两张草图作为参考（图4-1）。

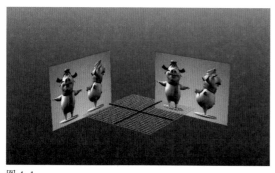

图4-1

第二节 头部建模

一、建立头部大形

头部建模的重点是五官的刻画。当前卡通角色模型的耳朵被帽子遮挡，因此可以不用制作耳朵的模型，眼睛、鼻子、嘴巴就成为此卡通角色刻画的重点。

创建一个多边形方块，把多边形方块调整到合适大小（图4-2）。当前模型级数很低，而头部的整体形状较圆，点击【平滑工具】将模型平滑一级。由于模型头部是左右对称的，所以我们只需要创建一半模型，再对其进行镜像缝合。选择一边模型进行删除（图4-3）。

制作过程中如果只有一半模型，难以实时观察整体效果，所以我们要使用【特殊复制工具】，对模型进行镜像处理。

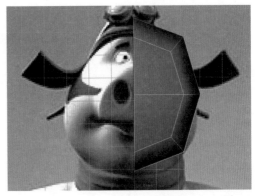

图 4-2　　　　　　　　　　　　　　　　　　　　　　图 4-3

点击菜单栏中编辑属性里的【特殊复制】面板，将属性面板里【X】轴向的【缩放】属性值设置为【-1】，复制出对称的另一半（图4-4）。特殊复制出来的另一半模型，可以根据原模型执行【对称】命令（图4-5）。

对应正侧视图调整模型的大致形状（图4-6、图4-7）。一般情况下头部模型侧面轮廓更为明显，我们可以从侧视图入手对其进行调整，侧面造型大致完成后再进入正视图调整正面。

图 4-4

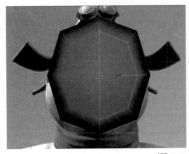

图 4-5　　　　　　　　　　图 4-6　　　　　　　　　　图 4-7

运用【插入循环边工具】在模型眼睛的位置插入两圈呈【十字架】状的线（图4-8）。然后在模型侧面插入两圈线（图4-9），并对其进行调整。

在眉弓处运用【插入循环边工具】插入一圈线，调整出眉弓的形状（图4-10），然后在嘴巴处运用【插入循环边工具】，插入一圈线划出嘴巴的位置（图4-11）。

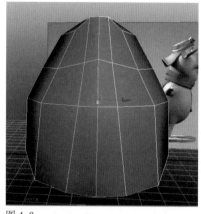
图 4-8

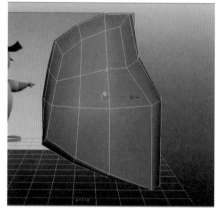
图 4-9

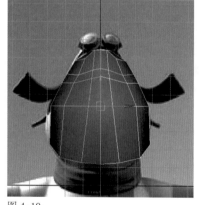
图 4-10

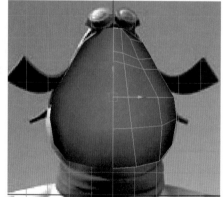
图 4-11

二、制作五官大形

运用【分割多边形工具】划出模型的鼻子（图4-12），再运用【挤出工具】挤出鼻子（图4-13），并调整处理。

挤出鼻子后，鼻子内侧会产生多余的面，按数字键【3】圆滑模型以便于观察（图4-14）。最后，将多余的面删除。

建模过程中，线过多不利于观察模型，我们可以用【显示—多边形—背面消隐】对模型背面的线进行隐藏（图4-15）。

接下来，我们来划分模型的眼睛，在【分割多边形工具】属性栏中取消勾选【约束到边工具】（图4-16）。然后运用【分割多边形工具】，划出眼睛的位置（图4-17）。

图 4-12

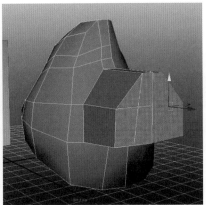

图 4-13

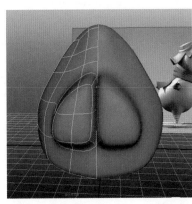

图 4-14

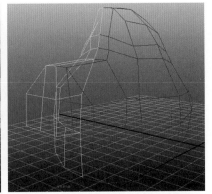

图 4-15

图 4-16

图 4-17

分割出眼睛形状后，进入侧视图对其进行调整，将模型最里面的一根线沿【X】轴向内拖，制作出眼睛的弧度（图4-18）。

选中模型底部的四个面，如图4-19，运用【挤出工具】挤出脖子部分（图4-20）。

挤出脖子后会产生多余的面，将这些多余的面删掉（图4-21），然后调整脖子形状（图4-22）。

进入顶视图调整模型，使模型更圆滑、布线更合理（图4-23），运用【分割多边形工具】划出模型的嘴巴，并调整嘴巴的位置（图4-24）。

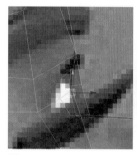
图 4-18

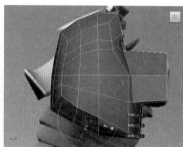
图 4-19

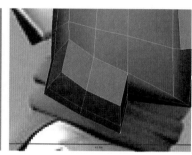
图 4-20

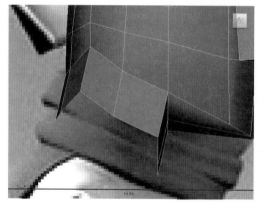
图 4-21

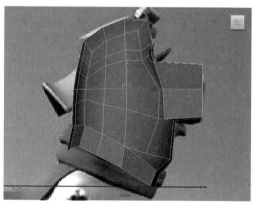
图 4-22

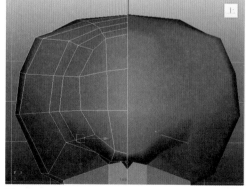
图 4-23

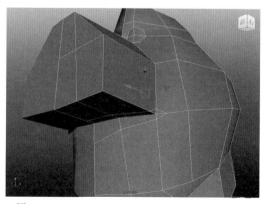
图 4-24

运用【分割多边形工具】加线时难免会出现三角面（图4-25）。按住【鼠标右键+Shift】，在弹出的选项中选择【合并/收拢边—合并边到中心】选项（图4-26），将三边面消除。

运用【分割多边形工具】划出嘴缝，删除图4-27中选中的面，在侧视图中调整出嘴巴的形状（图4-28）。

在嘴角外运用【分割多边形工具】划出两条线，丰富脸颊形状（图4-29）。

整理眼睛周围的布线（图4-30），选中模型中位于眼睛处的面并删除（图4-31、图4-32）。

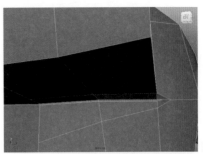

图 4-27

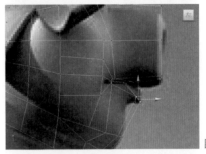

图 4-28

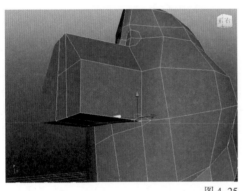

图 4-25

图 4-29

图 4-30

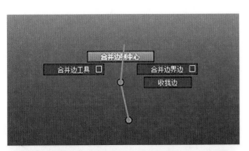

图 4-31

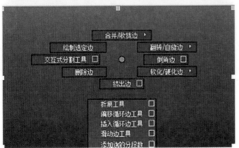

图 4-26

图 4-32

在模型眼睛周围运用【插入循环边工具】和【分割多边形工具】加线（图4-33）。在眼眶后创建一个圆球作为眼球（图4-34）。

选中模型鼻子的面（图4-35），运用【挤出工具】挤出所选的面，然后运用【缩放工具】缩放到跟鼻孔一致的大小（图4-36）。

运用【挤出工具】挤出鼻孔（图4-37）。从图中可以看到，鼻孔周围的布线不够合理，所以我们还要将模型布线调整均匀（图4-38）。

选中多余的线并删除（图4-39），现在鼻子部分的布线就比较合理了（图4-40）。

经过上一步的操作，上嘴唇多了一条线，所以我们也应该对应的在下嘴唇上加一条线，运用【插入循环边工具】加线（图4-41），制作凸出的下嘴唇（图4-42）。

从鼻头到下巴处的建模运用【分割多边形工具】加线，（图4-43），运用【收拢边工具】消除三边面（图4-44）。

图 4-33

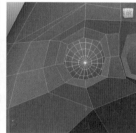

图 4-34

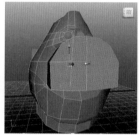

图 4-35

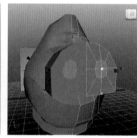

图 4-36

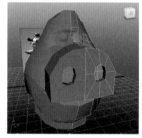

图 4-37

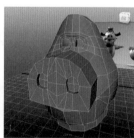

图 4-38

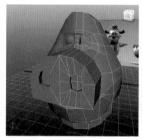

图 4-39

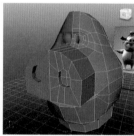

图 4-40

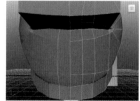

图 4-41

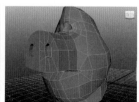

图 4-42

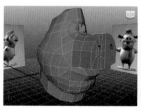

图 4-43

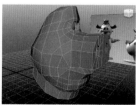

图 4-44

三、深入细化

因为下嘴唇有一定弧度，因此可以运用【分割多边形工具】，给模型从鼻孔到下嘴唇加线（图4-45）；运用【分割多边形工具】改线（图4-46），丰富下嘴唇模型形状。

在部分运用【分割多边形工具】加线，从鼻孔部分开始划到下嘴唇，固定住下嘴唇形状（图4-47）。从模型鼻头开始划线，划到下巴处，丰富脸颊外轮廓（图4-48）。

到这一步，头部大致形状已经基本上确立了，但是线的分布看上去还不够均匀，这时我们就可以用【雕刻几何体工具】，使模型过渡更圆滑和自然、布线更加合理。

点击【鼠标右键+Shift】，在弹出的选项中选择【雕刻几何体工具】（图4-49），在属性栏中将【不透明度】设置为【0.01】，因为数值太大容易破坏模型。点击操作的第三个图标——【平滑】，运用这个工具可能对模型有一定影响，所以运用完后要进行调整（图4-50）。

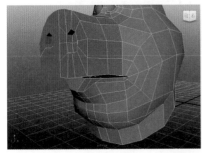
图4-45

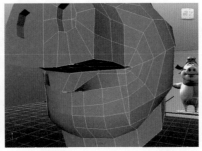
图4-46

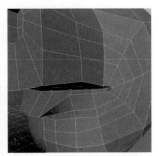
图4-47

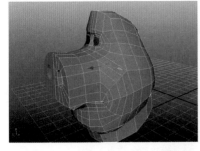
图4-48

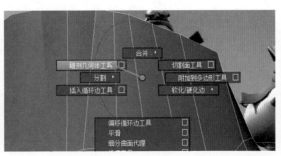
图4-49

图4-50

在模型的鼻孔和鼻头上运用【插入循环边工具】加线，固定住模型形状（图4-51）；在鼻头上运用【插入循环边工具】插入一圈线，调出鼻子弧度（图4-52）。

选中眼眶的线，运用【挤出工具】挤出眼皮厚度（图4-53），在眼皮中间添加一圈线，用来调整眼睛弧度（图4-54）。

选中唇缝的线（图4-55），运用【挤出工具】向内挤压（图4-56）。

如果要对此角色添加动画，还需要制作出口腔。挤出第一次，放大口腔（图4-57）；挤出第二次，平移口腔（图4-58），挤出第三次，缩小口腔（图4-59）；挤出第四次，向下拖拽做出食道（图4-60）。

接下来我们来合并模型：选中左右两个模型，点击菜单栏【网格—结合】，将模型合并（图4-61）。选中模型中间重合的点，点击【编辑网格—合并】，将点合并（图4-62）。

如果角色需要添加动画，就要将模型平滑一级（图4-63）。头部的建模，到这里就制作完成了（图4-64）。

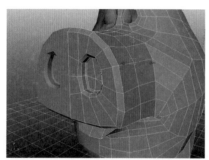

图4-51

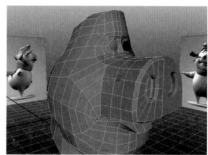

图4-52

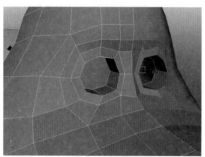

图4-53

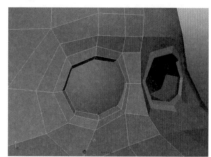

图4-54

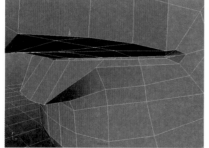

图4-55

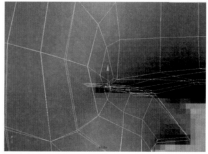

图4-56

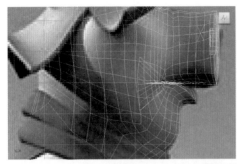

图 4-57

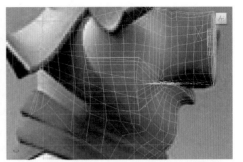

图 4-58

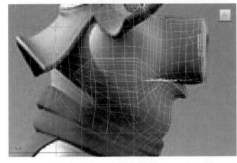

图 4-59

图 4-60

图 4-61

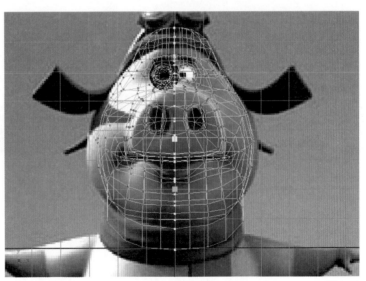

图 4-62

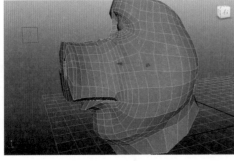

图 4-63

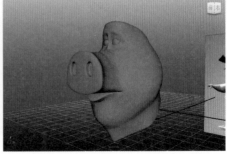

图 4-64

第三节 帽子建模

选中头部模型的帽子部分（图4-65），在编辑网格里面，执行【复制面】命令，将面放大到帽子大小。此时帽子布线太多，我们可以适当地对其进行删减，删减时注意不要影响到帽子的大体形状（图4-66）。

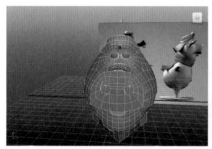
图 4-65

图 4-66

创建出模型眼镜部分，创建一个圆柱体放在眼镜所在的位置（图4-67）。选中模型，运用【挤出工具】，挤出帽子的厚度（图4-68），选中模型的部分面，先后三次挤出帽子的大致形状。

图 4-67

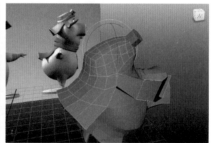
图 4-68

选中帽子模型的面，用【复制面工具】将眼镜带的面复制出来（图4-69），在侧视图中调整出眼镜带的形状（图4-70）。

运用【挤出工具】挤出眼镜带的厚度，并在边缘进行加线固型（图4-71）。

图 4-69

图 4-70

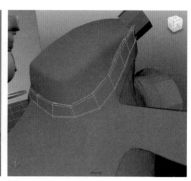
图 4-71

继续完善眼镜的形状，选中横截面（图4-72），挤压一次并缩小（图4-73）。

再次挤压并向内拖拽形成一定的厚度（图4-74），制作出镜片的弧度并在边缘加线调整出最终效果（图4-75）。

飞行帽制作完成（图4-76）。

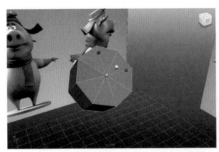

图4-72　　　　　　　　　　　　　　　　　　　图4-73

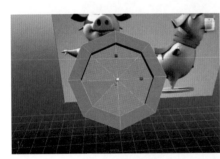
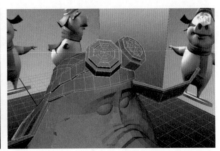

图4-74　　　　　　　　　　　　　　　　　　　图4-75

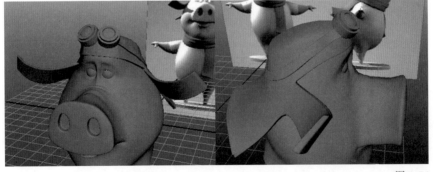

图4-76

第四节 身体建模

一、制作躯干大形

和做头部的方法一样，制作躯干要从一个多边形方块做起（图 4-77）。从正视图和侧视图中观察并将方块调整到合适大小（图 4-78）。

选中模型，运用【平滑工具】，平滑一级。在模型正面加一条线调出弧度，卡住裆部形状，以便在下面步骤中挤出腿部形状（图 4-79）。在侧面加两条线调整出弧度，调整身体的轮廓（图 4-80）。

接下来运用【分割多边形工具】划出脖子部分的形状（图 4-81），然后再用【挤出工具】挤出脖子，并删除不必要的面（图 4-82）。

图 4-77

图 4-78

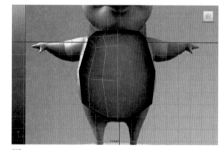
图 4-79

图 4-80

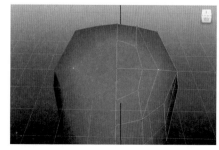
图 4-81

图 4-82

二、制作手臂模型

选择身体侧面的四个面（图4-83），运用【挤出工具】挤出面，然后将其缩小并移动至手臂的大概位置（图4-84）。

运用【挤出工具】挤出两次：第一次挤出大臂（图4-85）；第二次挤出小臂（图4-86），在正侧视图调整手臂位置与大小。

运用【插入循环边工具】给模型正面加两根线，丰富模型正面形（图4-87）；侧面再加两根线，丰富侧面形（图4-88）。

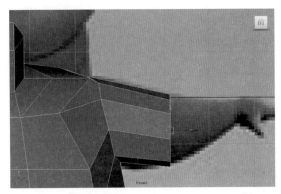

图 4-85

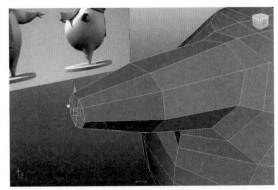

图 4-86

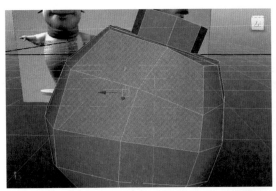

图 4-83

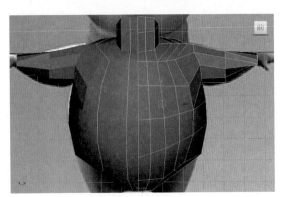

图 4-87

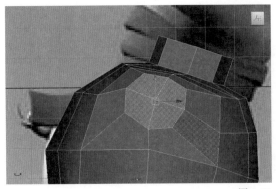

图 4-84

图 4-88

三、制作腿部模型

选中模型底面，运用【挤出工具】挤出大腿（图4-89），在正侧视图调整模型大腿的形状。再挤出两次，挤出小腿和脚（图4-90）。

选择脚底的前两个面分别挤出脚趾（图4-91）。接下来运用【插入循环边工具】在模型腹部的位置插入两根线，用来固定小腹部形状和髋骨（图4-92）。

运用【插入循环边工具】，在腿部加线，主要作用：一是固定住模型形状（图4-93）；二是在膝盖、脚踝、大腿根部等需要活动的关节处，至少加上三根线（图4-94），避免在调整模型动作时发生变形。

为了丰富脖子的形状和固定住大臂的形状，在脖子部分运用【分割多边形工具】添加一条线（图4-95）。划线后，模型出现了两个三角面，运用前面刚讲到的【收拢边工具】将这两个三角面处理掉（图4-96）。

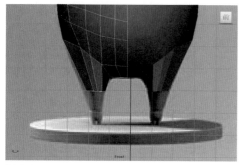

图 4-89

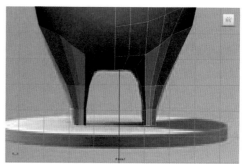

图 4-90

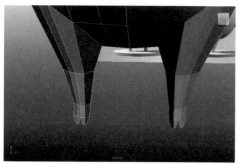

图 4-91

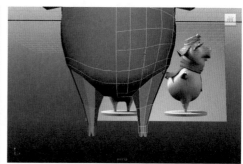

图 4-92

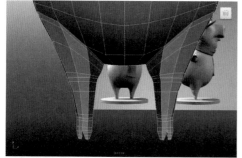

图 4-93

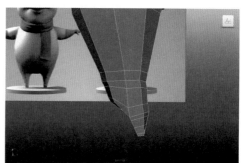

图 4-94

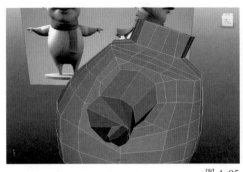

图 4-95   图 4-96

四、制作手部模型

运用【插入循环边工具】给手臂加线，在上臂插入三根线（图 4-97），并调整上臂形状。再在小臂加上三根线（图 4-98），并调整小臂形状。

调整完手臂的形状之后，开始做手部模型，选中模型中的面（图 4-99），运用【挤出工具】，挤出手掌（图 4-100）。

挤出大拇指，首先我们要给手掌加线（图 4-101），选中大拇指所在位置的面运用【挤出工具】挤出（图 4-102），调整挤压出来的面；再挤压一次，然后缩放（图

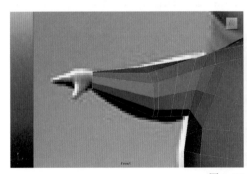

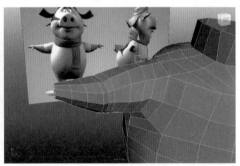

图 4-97   图 4-98

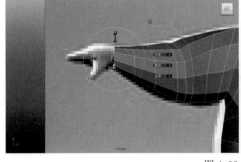

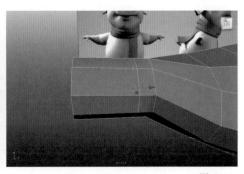

图 4-99   图 4-100

4-103）；再挤压两次，挤压的位置应该在指关节处，调整大拇指的形状（图 4-104）。值得注意的是，大拇指和手掌不是平行的，要有一定的倾斜角度。

接下来我们对二指和三指进行建模，建模方法与大拇指一样：先选择相应的面，运用【挤出工具】挤压，然后缩放并调整指根形状（图 4-105、图 4-106）。

然后运用【插入循环边工具】为手指和需要添加动画的关节转折处加线，以固定住模型形状（图 4-107）。

模型身体制作完成，如图 4-108。

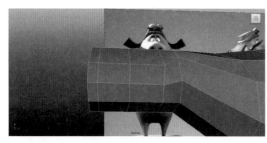

图 4-101

图 4-102

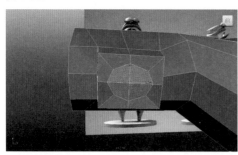

图 4-103

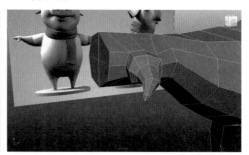

图 4-104

图 4-105

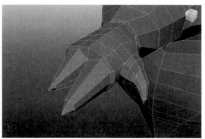

图 4-106

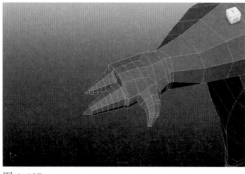

图 4-107

图 4-108

第五节 围巾建模

围巾的材质比较软，建模难度在于围巾戴在模型身上会产生不规则的调整褶皱。

下面我们就开始围巾建模。首先建一个圆柱体（图4-109），将【分段数】设置为【12】，删掉顶部和底部的面，将其摆放在模型适当的位置（图4-110）。

选中模型的断边，用【挤出工具】挤压并收缩，将断边隐藏在模型中。然后对围巾进行加线，使模型过渡尽可能平缓（图4-111），然后在模型上横向运用【插入循环边工具】加线（图4-112）。

在正侧视图中调整模型，调整出围巾的褶皱（图4-113）。接下来制作垂在前胸部分的围巾（图4-114），在身体模型上找到下垂部分围巾对应的面，运用【复制面工具】复制身体模型上的面。

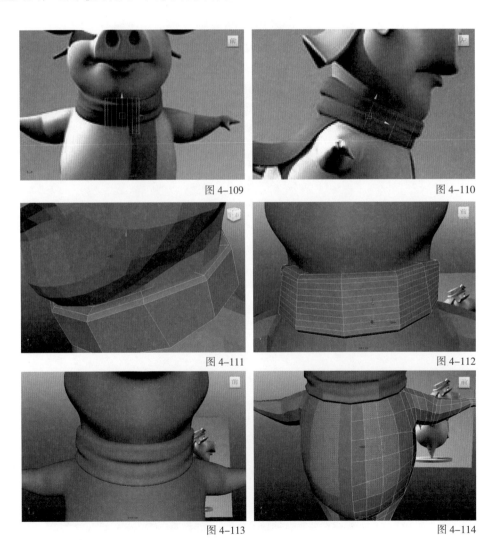

图4-109 图4-110

图4-111 图4-112

图4-113 图4-114

　　在正视图中调整围巾的形状（图 4-115），再在
透视图中运用【插入循环边工具】加线，调整出垂下
部分的围巾弧度（图 4-116）

　　围巾的另外一端在模型身体后面，可以将身体前
面围巾的模型复制到后面并对其进行修改（图 4-117），
至此围巾部分制作完成。

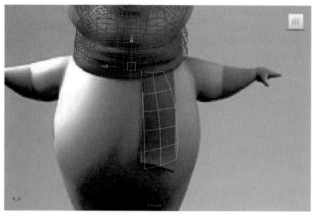

图 4-115

图 4-116

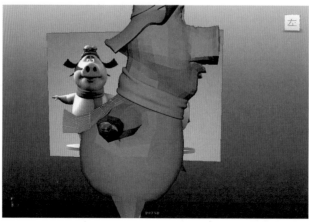

图 4-117

第六节 尾巴建模

尾巴建模相对简单，首先我们先创建一个圆柱体，将【分段数】调整为【8】，并将其放在模型上合适的位置，（图 4-118）。然后运用【EP 曲线工具】，在侧视图中划出尾巴的曲线（图 4-119）。

选择曲线，点击鼠标右键，控制定点工具（图 4-120），在透视图中调整曲线（图 4-121）。

先选择模型的面，然后再选择曲线（图 4-122），运用【挤出工具】挤压，在右边属性栏里设置分段和锥化数值（图 4-123）。

尾巴的形状大致出来了，选中曲线和模型（图 4-124），然后在编辑属性菜单栏中选择【按类型删除—历史】（图 4-125），就可以把曲线删掉，这样尾巴就制作完成了（图 4-126）。

将各部分再进行最后整合，整个模型就制作完成了（图 4-127）。

图 4-118

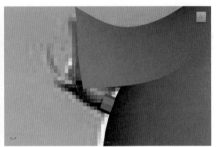

图 4-119

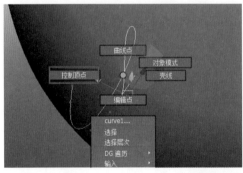

图 4-120

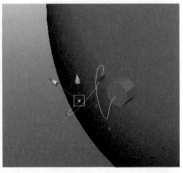

图 4-121

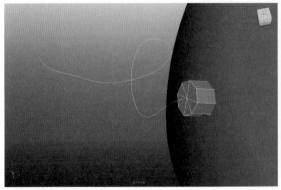

图 4-122

图 4-123

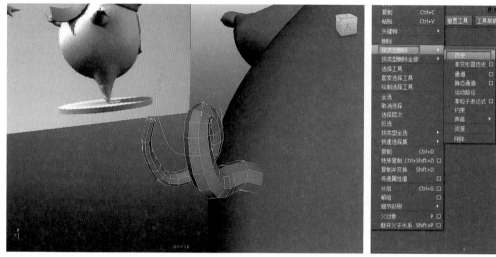

图 4-124

图 4-125

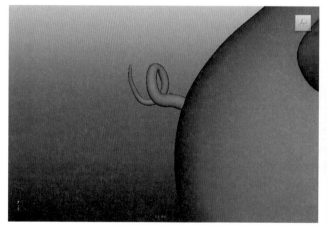

图 4-126

图 4-127

第五章
写实角色建模——男性人体模型的建立

本章导读

　　介绍写实人体的基本建模方法，分析人体的结构特征，介绍从人头、身体到四肢的制作及缝合的过程。掌握写实生命体的制作思路和方法。

精彩看点

● 眼眶、鼻孔、耳朵、手指等部位的细腻刻画

第一节 头部建模

一、头骨分析

　　在制作头部之前首先要了解一下人类头骨的主要结构，制作过程中要注意头部的基本骨点，如颧骨、眉弓和鼻骨等，男性头骨的骨点相对于女性头骨要明显一些，女性头骨可以稍微做得柔和一点（图 5-1）。

二、制作头部

　　创建一个多边形立方体，然后用【平滑工具】使其平滑一级，和前面制作卡通模型方法一样删掉一半模型，再用关联复制另一半（图5-2）。

　　调整头部外轮廓大致形状（图 5-3）。选择模型，使用【插入循环边工具】，划出模型眼睛的位置及初步细化模型（图 5-4）。注意：每加一条线的同时必须调整模型，使其过渡自然。

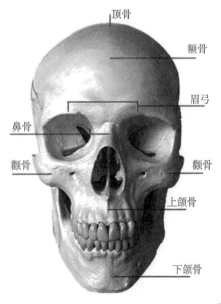

顶骨

额骨

眉弓

鼻骨

颧骨

颧骨

上颌骨

下颌骨

图 5-1

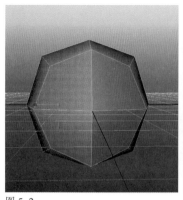

图 5-2

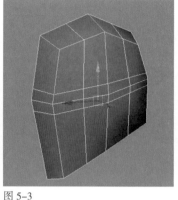

图 5-3

图 5-4

切换到【面】层级，选择头部底部的四个面挤出脖子，然后删除脖子底部的面（图5-5）。选择【插入循环边工具】划出嘴巴中线的位置并对其进行调整（图5-6）。

选择模型按住【Shift】键，鼠标右键执行【分割】命令后，再向右选择【分割多边形工具】按钮进入属性菜单，取消勾选【仅从边分割】选项（图5-7），设置好后，划出眼部的基本位置，调整大轮廓（图5-8）。

切换到正视图，进入【线】层级，选择图中的黄色线向下拖拽，拖到鼻子底部的位置（图5-9）。然后进入【面】层级选中鼻梁所在位置的面，挤出鼻子的纵深度，并删除挤出时产生的多余的线和面（图5-10）。

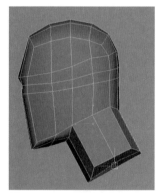

图 5-5

图 5-6

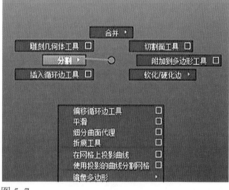

图 5-7

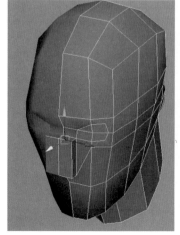

图 5-8

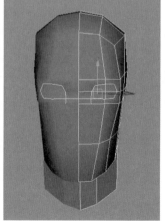

图 5-9

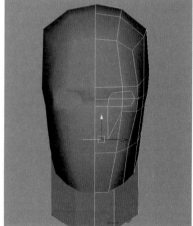

图 5-10

　　点击【分割多边形工具】沿着鼻翼位置向上加线到顶骨位置，注意建模过程中尽量不要产生多余的线，加完线后调整头部大致形状（图 5-11）。再运用【切割多边形工具】划出嘴巴的大体形状，并删除封闭嘴缝的面（图 5-12）。

　　选择【挤出工具】挤出眼睛的大概轮廓，删除遮住眼睛的面，调整眼睛形状（图 5-13）。使用【分割多边形工具】，沿着鼻翼的位置添加口轮匝肌周围的线（图 5-14）。

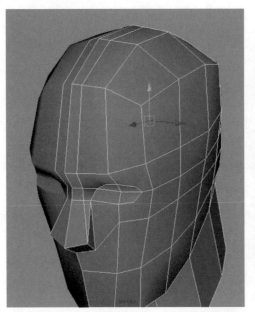

图 5-11

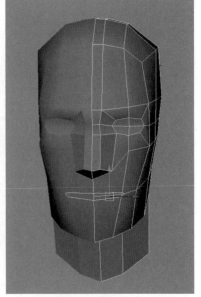

图 5-12

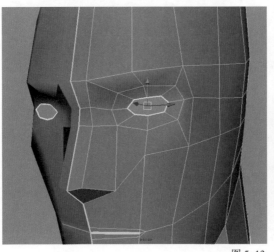

图 5-13

图 5-14

使用【分割多边形工具】按照图 5-15 所示位置对下巴底部进行加线，做出下巴的厚度。选择图中黄色线的位置按住【鼠标右键 + Shift】向上选择【收拢边工具】处理掉三角形面(图 5-16)。

如图 5-17 所示，使用【分割多边形工具】对模型加线，划出鼻头及鼻翼。选择鼻翼四个面挤出鼻翼的厚度（图 5-18）。

如图 5-19 所示加线，丰富鼻底的形状，调整出鼻孔位置。选择鼻底位置的四个面挤出新的面缩小至鼻孔大小，然后再次挤压并缩放出鼻孔深度（图 5-20）。

下面开始制作眼部的细节。创建一个多边形球体作为眼球，并将其摆放在适当的位置。调整上眼皮和下眼皮，使其与眼球保持一样的弧度。由于眼皮有一定的厚度，所以眼皮与眼球间还要有一定的距离（图 5-21）。

图 5-15

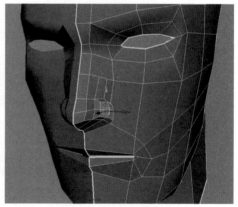

图 5-16

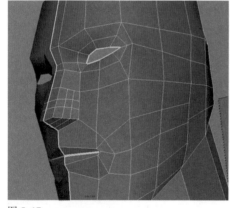

图 5-17

图 5-18

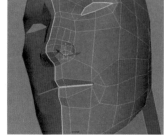

图 5-19

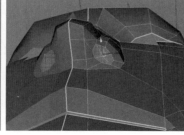

图 5-20

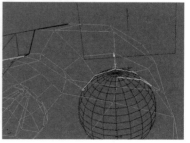

图 5-21

丰富眼睛周围的布线（图5-22）。划出鼻梁骨及眉弓的厚度，调整点和线，丰富鼻翼及眼眶（图5-23）。

选中眼睛的边缘线，向内挤压眼皮的厚度，挤压至眼球一半的位置（图5-24）。调整眼睛周围的线使之包裹住眼球，并对其加线固形（图5-25）。

选择【插入循环边工具】为眼皮添加厚度，并调整位置（图5-26）。

对模型进行加线，进一步丰富鼻唇沟的厚度及嘴巴和脸部形状。注意上下嘴唇布线要均匀和对称（图5-27）。加完线之后一定要及时调整，使其过渡均匀、结构明显。最后，删除多余和影响结构的线（图5-28）。

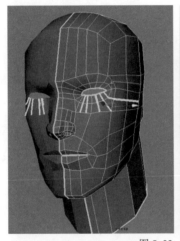

图5-22   图5-23

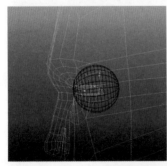 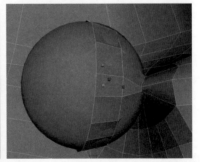

图5-24   图5-25

 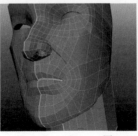 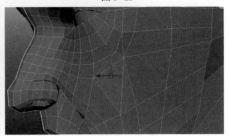

图5-26   图5-27   图5-28

在嘴唇上使用【插入循环工具】加两圈线，一根加在唇部中间，一根用来固定住唇线（图5-29）。继续丰富嘴巴周围的形状，选择【插入循环边工具】按图示加线并调整（图5-30）。

如图5-31所示对模型进行加线，划出人中并删除多余的线。选中人中中间的线，向内拖拽出人中（5-32）。

如图5-33所示对模型进行加线，丰富头骨的形状。

选择口缝的一圈线向内挤压出口腔，并将口腔调成半圆形（5-34）。然后将口腔尾部的一圈线选中，向下挤压成为食道，防止角色张嘴时穿帮（图5-35）。

图 5-32

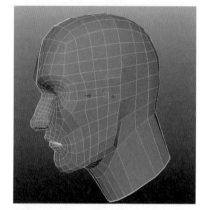

图 5-33

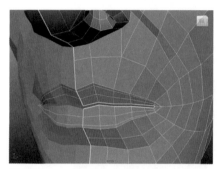

图 5-29

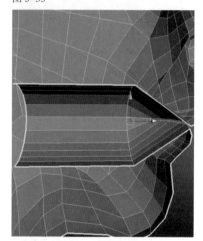

图 5-34

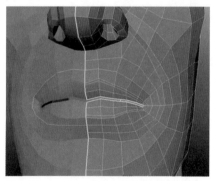

图 5-30

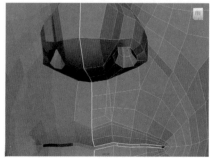

图 5-31

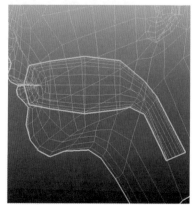

图 5-35

三、耳朵建模

创建多边形平面，切换到侧视图，将其摆放在耳郭的起点位置，用【挤出工具】挤出约一半的面积，用同样的方法挤压出耳轮（图5-36）。切换到正视图，调整耳朵正面的形状（图5-37）。

将挤压出来的耳郭和耳轮合并成一个模型，并调整布线方向（图5-38）。执行【编辑网格——附加到多边形】命令，补充耳轮之间的面（图5-39）。

选择模型底部的线向下挤出耳垂，并进行调整（图5-40）。继续使用【附加到多边形工具】

将耳蜗及耳轮脚的面补充出来（图5-41）。

在耳轮脚的两侧位置各添加一条线。将其向里移动，做出耳轮脚的深度（图5-42）。选择耳道的四个面挤出耳道的大小，继续向里挤出耳道的深度（图5-43）。

选择耳屏的四个面挤压、缩小，调整出耳屏的形状（图5-44）。在三角窝处加线，并选择三角窝的面向里拖动成凹状（图5-45）。

如图5-46所示选择耳朵外沿的线，分三次挤压出耳郭的厚度。随后挤压出耳朵和头部相接的面（图5-47）。

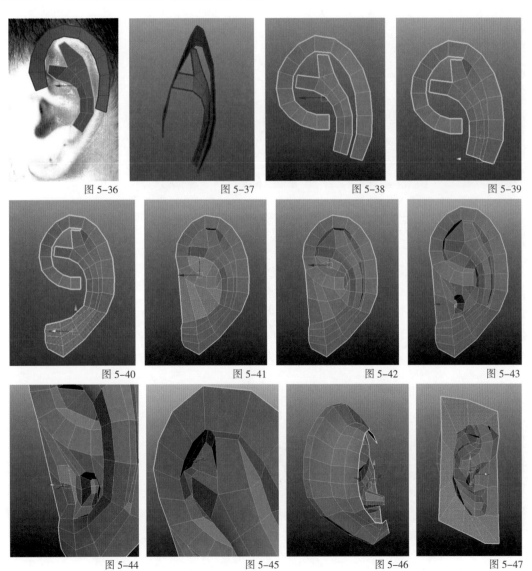

图5-36   图5-37   图5-38   图5-39

图5-40   图5-41   图5-42   图5-43

图5-44   图5-45   图5-46   图5-47

将耳朵和头部的位置调整好,对其进行拼合(图 5-48)。使用【合并顶点工具】将边缝合起来(图 5-49)。

头部模型制作完成。(图 5-50)

第二节 / 身体建模

创建一个多边形立方体,删除一半(图 5-51)。参照图 5-52 所示方法调整出人体上半身的大概形状。

划出脖子的位置(图 5-53),选择脖子的两个面执行【挤出】命令挤压出脖子(图 5-54)。

选择胳膊位置的四个面(图 5-55),执行【挤出】命令挤出手臂(图 5-56)。

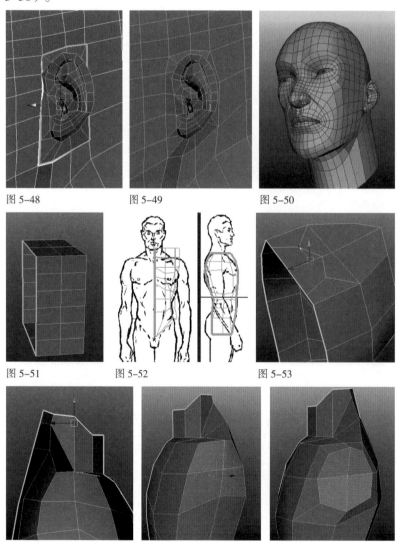

图 5-48   图 5-49   图 5-50

图 5-51   图 5-52   图 5-53

图 5-54   图 5-55   图 5-56

　　继续挤出上臂（图 5-57），接着挤出小臂，缩小到合适
的粗细并向前旋转一定的角度（图 5-58）。

　　选择大腿位置的四个面（图 5-59），将其挤压到脚踝的
位置并向前拖出脚的长度。选中脚踝的一圈线，并旋转一定的
角度（图 5-60）。

　　接下来调整三角肌的形状，使用【插入循环边工具】对胸
部进行加线（图 5-61），并调整出胸肌的形状（图 5-62）。

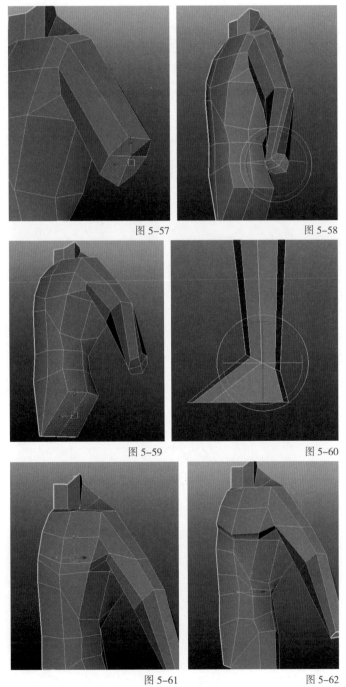

图 5-57　　　　　　　　　　　　　　　　　图 5-58

图 5-59　　　　　　　　　　　　　　　　　图 5-60

图 5-61　　　　　　　　　　　　　　　　　图 5-62

选择腹部位置的六个面执行【挤出】命令挤出腹肌（图 5-63），然后对挤压产生的斜边进行调整（图 5-64）。

加线丰富腹肌的形状（图 5-65、图 5-66）。

使用【分割多边形工具】在身体背部加线（图 5-67），并执行【收拢边】命令。（图 5-68）

丰富胳臂的布线（图 5-69），调整手臂的形状（图 5-70），注意三角肌、肱二头肌、肱三头肌、肱骨肌的形状。

对手臂横向加线（图 5-71），使手臂模型细腻圆滑（图 5-72）。

调整手臂桡侧腕屈肌和肱桡肌的形状（图 5-73）。

使用【插入循环边工具】，丰富三角肌的形状（图 5-74）。在背阔肌的位置加两条线，并调整形状（图 5-75）。

为腿部加线丰富形状（图 5-76）。

使用【插入循环边工具】，在身体上插入两条线（图 5-77），在大腿根部、小腹中间各插入一圈线，在大腿部位插入五圈线（图 5-78）。

大腿部位加线，制作出股四头肌（图 5-79）、阔筋膜张肌组织和缝匠肌的形状（图 5-80）。

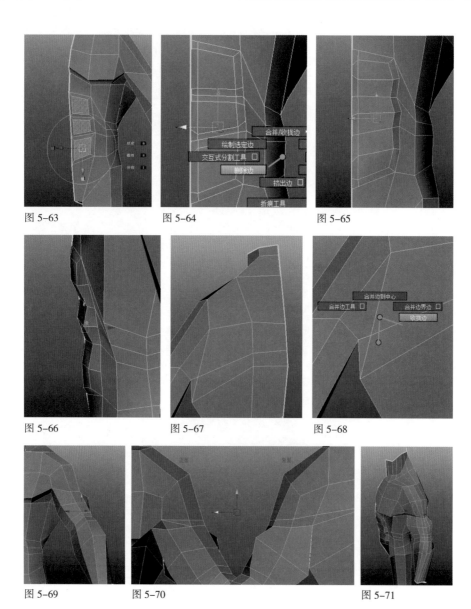

图 5-63　　　　　　　图 5-64　　　　　　　图 5-65

图 5-66　　　　　　　图 5-67　　　　　　　图 5-68

图 5-69　　　　　　　图 5-70　　　　　　　图 5-71

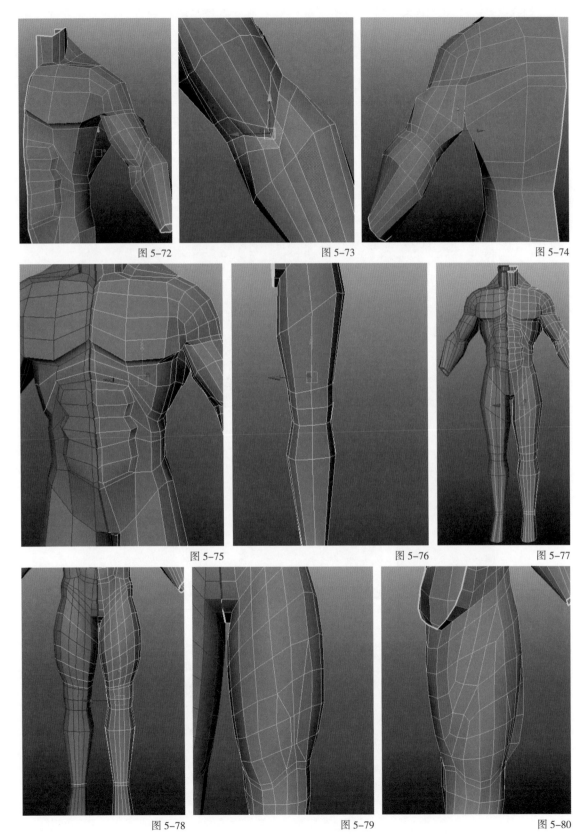

图 5-72   图 5-73   图 5-74

图 5-75   图 5-76   图 5-77

图 5-78   图 5-79   图 5-80

在膝盖的位置添加两圈线（图 5-81），选择髌骨的八个面，执行【挤出】命令，挤出髌骨的形状，调整大形（图 5-82）。

加线强调大腿肌肉的走向（图 5-83），添加小腿布线（图 5-84）。

在脚掌的中间部位加线，调整形状（图 5-85）。选择脚踝的面挤压出脚踝（图 5-86）。

调整小腿布线，丰富腓肠肌的形状（图 5-87）。调整小腿后面部分的布线方式，根据角色强壮程度制作出半腱肌和股二头肌（图 5-88）。

由于该角色肌肉组织非常发达，前锯肌结构较为明显，在腹部两侧加上几排线（图 5-89），调整出隆起的前锯肌（图 5-90）。

给胸肌底加线并修改胸肌的布线（图 5-91）。为胳膊加线丰富形状。（图 5-92）

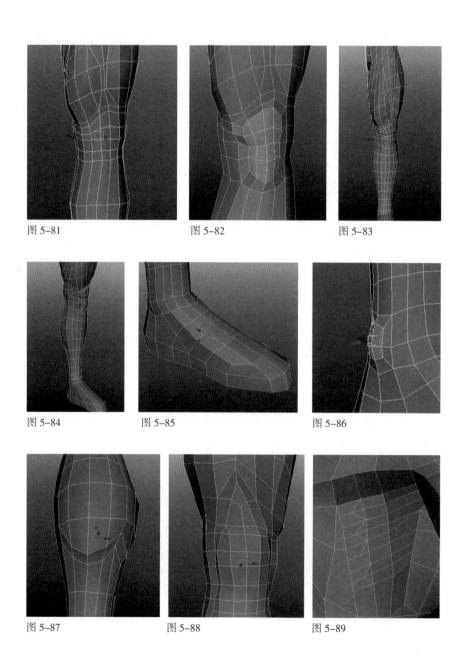

图 5-81　　　　　　　图 5-82　　　　　　　图 5-83

图 5-84　　　　　　　图 5-85　　　　　　　图 5-86

图 5-87　　　　　　　图 5-88　　　　　　　图 5-89

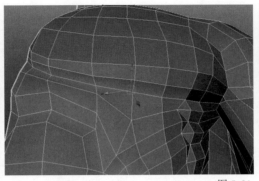

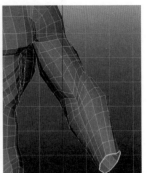

图 5-90   图 5-91   图 5-92

下面制作背部肌肉，首先划出背部肌肉的大致形状与组块（图 5-93）。接着细化肌肉形状，整理布线，制作出背部肌肉细节（图 5-94）。

到此身体的制作就完成拼合了（图 5-95）。

将身体与头部拼合在一起（图 5-96），然后制作出胸锁乳突肌和喉结。（图 5-97）

第三节 手部建模

创建一个多边形立方体（图 5-98）。将立方体调整为接近手掌的形状（图 5-99）。

选择大拇指所在位置的四个面（图 5-100），执行【挤出】命令挤出大拇指，注意最后一个关节应向内旋转一定的角度（图 5-101）。

在手掌上端加线，确定另外四根手指的位置（图5-102）。选择食指根部的四个面挤出食指，在关节处加线，调整手指的形状（图5-103）。

选择指甲的四个面挤压并向内缩小成为指甲盖的形状（图5-104），再次挤压并向下拖拽做出指甲缝（图 5-105）。

选择指甲前端的线向前拉伸做出指甲的长度，选择指甲的中线向上拖拽做出向上的隆起（图 5-106）。按照同样的方法制作出大拇指的关节和指甲 (图 5-107)。

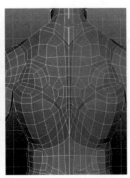

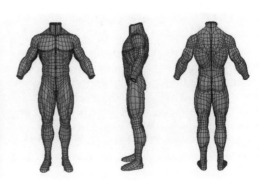

图 5-93   图 5-94   图 5-95

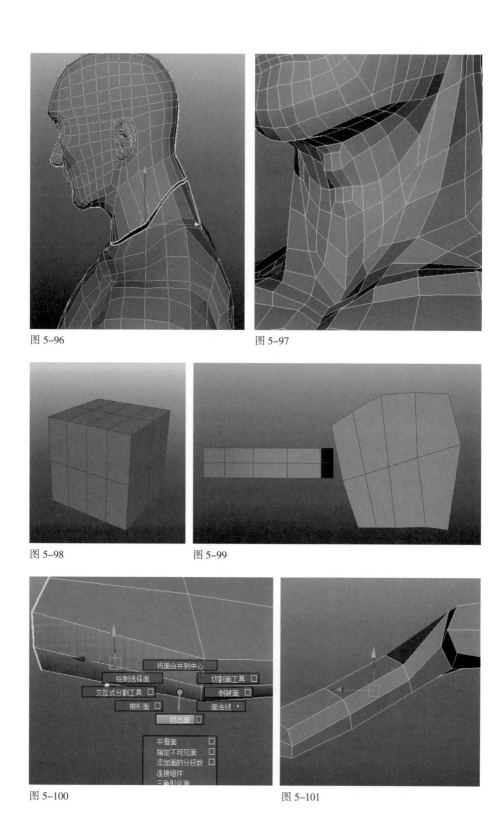

图 5-96

图 5-97

图 5-98

图 5-99

图 5-100

图 5-101

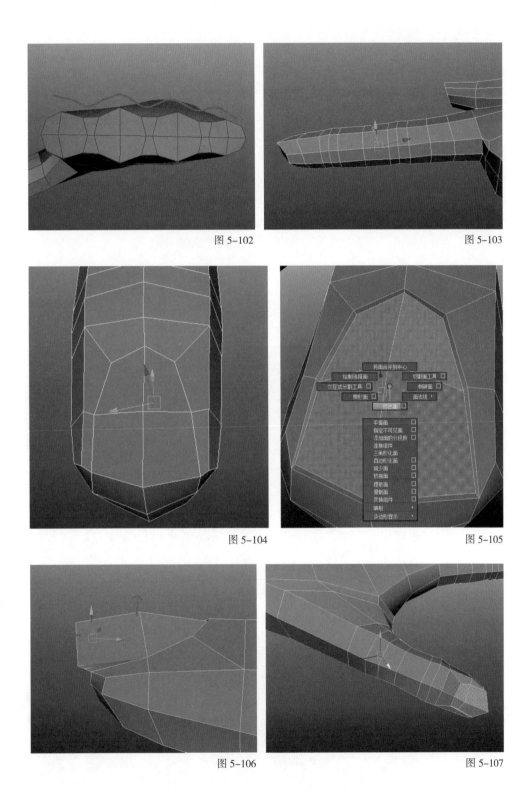

图 5-102

图 5-103

图 5-104

图 5-105

图 5-106

图 5-107

选择食指的所有面，执行【复制面】命令（图 5-108），复制出其他的三个手指，将它们分别放置到合适的位置进行缝合（图 5-109）。

调整出手背上各个手指的指骨（图 5-110），制作出手心拇指展肌及小指展肌（图 5-111）。

手制作完成后与身体进行缝合（图 5-112）。缝合时难免会出现部分三角面，要尽量避免这些面在关节处出现，否则会导致做动画的时候出现模型破裂等问题（图 5-113）。

脚部建模可参照手部建模的方法，这里就不再赘述。至此，人体模型就全部制作完成了 (图 5-114)。从简单的几何体模型，如一般产品展示、艺术品展示，到复杂的人物模型；从静态、单个的三维动画模型展示，到动态、复杂的场景，如三维漫游、三维虚拟城市、医学模拟、军事模拟、角色动画。所有这一切，三维动画都能依靠强大的技术实力得以实现。

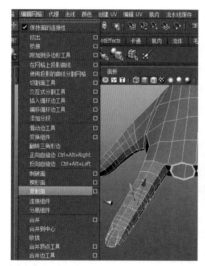

图 5-108

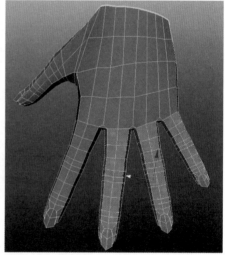

图 5-109

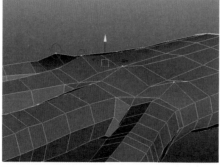

图 5-110

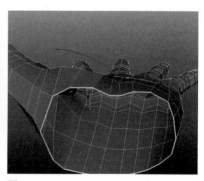

图 5-111

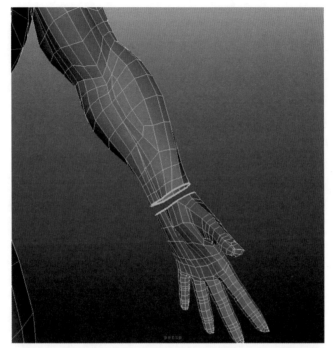

图 5-112

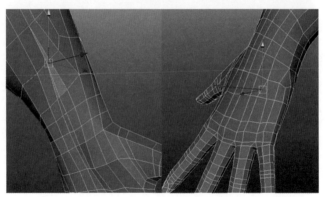

图 5-113

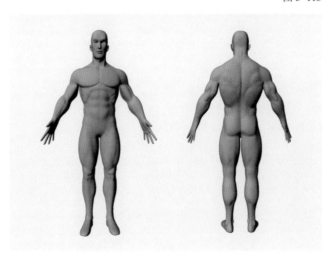

图 5-114

后记

　　建模是三维动画制作流程的第一步，也是非常重要的一环。可以说几乎后面所有的工作都是以模型为基础进行的。因此，建模至关重要。

　　笔者在学习和教学过程中深深地体会到，软件只是工具，建模才是根本。实际上建模不仅体现在对软件掌握的熟练程度上，还体现在制作者的造型能力上，即对物体外形轮廓和体积感的感悟、把握和表现。我们在学习软件的同时，应当不断加强基本造型能力的训练，这样才能真正得心应手地运用软件，做出优秀的作品。

　　本书在编写过程中难免存在不足之处，还望读者和专家多多批评指正。

参考文献

[1] 王至. 三维模型技术项目教程——Maya[M]. 北京：中国传媒大学出版社，2011（12）

[2] 金龙. MAYA MODELING 模型卷 [M]. 北京：海洋出版社，2004（7）

[3] 杨庆钊. 5DS+Maya 建模技术实录 [M]. 北京：清华大学出版社，2010（10）